刘兴诗

—— 著 ——

U0155266

刘兴诗爷爷讲地球

奇趣横生 的山野 下册

长江出版传媒 | 长江文艺出版社

目录

多彩地貌

谁是营造地貌的高手？第一是河流，此外还有地下水、海浪、风、冰川，谁都露了一手。一个个都巧妙地展示了自己的独特结构。

河水流，暗河流，风吹扬，海掀浪，冰川也慢吞吞往前"走"。各种各样营力的作用，造就了形形色色的地貌。大自然变化多端，天长地久。不由得不惊叹丰富多彩的大自然，叫人赞不绝口。

第一章
河谷和河床

河水在哪儿流？

是在河谷里流吗？

这当然说得不错，可也不太准确。

河水当然在河谷里流。要不，河谷也不叫河谷了。可是河谷的范围很大，连两岸的边坡也要算进去，河水能在高高的坡上流吗？

河水在哪儿流？

在河床里流吗？

这话说得不错，可还有些不完整。一般情况下，河水的确仅仅在河床里流。可是到了洪水季节，河水飞快上涨，就会漫出河床，淹没两边的河漫滩了。请记住，河漫滩和河床一样，是河谷里的另一种地貌类型，也就是河床边的沙滩和卵石滩，枯水季节是人们散步和捡石子的地方。

河道洪水有大有小，河漫滩也有高有低。如果洪水大一些，不仅低河漫滩被淹没，高河漫滩也会被水淹。所以即使这一片片

冬天雅鲁藏布江河床

沙滩长年累月露出来，也没有人利用这些空地，在这儿种庄稼、盖房子。万一洪水一来，岂不就会统统泡汤了吗？

河谷里除了河床、河漫滩，还有什么？那就是一个个河心的沙洲、浅滩，一级级高高低低的阶地和边坡了。

沙洲四面都是水，别想顺顺当当走过去。常常杂草和树木丛生，是来来往往的鸟儿最喜欢栖息的好地方，是河里的世外桃源。

请看《诗经·关雎》里的几句诗：

关关雎鸠，在河之洲。

窈窕淑女，君子好逑。

诗中"在河"的那个"洲"，就是这样的河心沙洲。这里是鸟儿的安乐窝，一群群"雎鸠"正在那儿"关关"地叫着呢。

另一首诗描写道：

蒹葭苍苍，白露为霜。

所谓伊人，在水一方。

溯洄从之，道阻且长。

溯游从之，宛在水中央。

那成片"苍苍"的"蒹葭"，那"在水一方"的姑娘，都在"水中央"，这也指的是一个河心沙洲。

这两首两千多年前的民歌，好像是美丽的朦胧诗，把河心沙洲描绘得多么神秘美丽。

为什么这样神秘？就是因为在难以到达的水的中央。

为什么这样美丽？就是因为与人来人往的岸边隔绝，环境保护得好，才这样吸引人。

河心沙洲常常是水下沙滩由于泥沙逐渐堆积慢慢露出水面的。有的河流还有一些江心岛分布，这又是怎么生成的呢？

请记住，岛屿不是大海的特产，一些江河里也有大大小小的岛。

万里长江上，就有许多很有名气的江心岛。从它们的成因看，大致可以分为两大类：

一类就是泥沙堆积的沙洲。长江口的崇明岛是其中最大的一个。三峡出口处的葛洲坝、江汉平原上的百里洲，都是这样的沙洲。

另一类是坚硬的岩石小岛。它们高高屹立在大江中间，好像是一块块巨大的礁石。

安徽省宿松县长江江心的小孤山，又叫小姑山，和南岸的大孤山、彭郎矶遥遥相望，自古有"小姑嫁彭郎"的传说。苏东坡写下了"舟中贾客莫漫狂，小姑前年嫁彭郎"的诗句。和金山、北固山相对的镇江焦山，也是一座有名的江心岛。

苏东坡在《石钟山记》中记述的鄱阳湖口，活像是两口倒扣的大铜钟的上石钟山和下石钟山，也是有名的江心岛。每当江上风浪起来的时候，就会传出神秘的"钟声"。苏东坡为了查明它的秘密，划着小船前往探察，原来它是"空心"的。岛下有隐秘的洞穴，波浪冲击着就会发出神奇的"钟声"了。隐藏在江心的沙洲和小岛可多了，让我们到现场去细细探访吧！

河谷里另一种阶地呢？因为这很重要，另外开辟一节专门讲吧。

第二章

河边的台阶

来往在江上的人们，常常会瞧见一道熟悉的风景：河流两岸常常有一层层平台，有的延续很远，断断续续分布。有的高，有的低，从河边一直升到山坡，有的甚至可以达到半山腰，从江上看得清清楚楚。

这是什么？活像是一级级阶梯，似乎专门给人们上岸准备的，也像是特有的河边梯田。

不，这不是阶梯，也不是梯田，是天然生成的河流阶地。

阶地是自然形成的，和人类力量没有一丁点儿关系。

仔细看，它和山坡的外形大不相同。阶地是平的，山坡是斜的。

再一看，它和山坡的物质也不一样。山坡总是坚硬的山石，它却是一层层疏松的泥沙和鹅卵石。

细心的人瞧见这些泥沙和鹅卵石就明白了，原来这是河流堆积生成的呀！

你不信吗？把它和河谷底部宽阔的河漫滩比较一下就清楚了。阶地和河漫滩一模一样，地形都是平的，都有同样的泥沙和鹅卵石堆积。这就证明，一层层阶地也是河流的产儿。

原来阶地不是别的什么东西，就是古代的河谷谷底。那时候，地势没有这样高。河水从这儿流过，生成堆满泥沙和鹅卵石的河床。后来随着地壳不断上升，才把它一步步抬到现在的位置，脱离了河流，生成了阶地。

地壳上升了，阶地抬高了，原来的河流呢？

河水照旧流动着，又开辟了新的河床。

后来，地壳再上升，河流又下切，就在河谷两旁留下了一级又一级阶地。远远看去，好像是谁特意建造的一层层台阶似的。

不过人们看见的阶地，也统统是平坦的。由于时间越古老的阶地破坏程度越大，所以靠近河边的低阶地非常平坦，山坡上面的高阶地经过岁月磨蚀，大多变得起伏不平，甚至成为一座座小小的丘陵。只有土层下面风化强烈的砾石层，才诉说了它们的真实身份。

山区里地势崎岖不平，几乎到处都是硬邦邦的岩石，不仅不能种庄稼，修建道路和城镇也很不方便。阶地上就不一样了，特别是在最靠近河边的一级阶地上，土质非常疏松，本身的砾石层就是最好的含水层，向来就是种庄稼的好地方。一片片阶地，就是一座座粮仓啊！修造房屋、建设工厂、开辟道路的条件都很好。河边的阶地真是一块难得的宝地呀！

这里取水和水陆交通都很方便。从远古时代开始，人们就看中了这种地形，在这里建房居住。所以沿江的大小城镇和主要道路，大多都坐落在平坦的阶地上。

需要特别一提的是，不仅现代城镇总是建筑在阶地上，许多远古时期的遗址也和阶地以及其他相关的地貌类型分不开。我曾

湖北枝城的长江沿岸阶地

经沿着长江考察和参观过许多古代遗址，见识了许多分布在阶地以及相同高度的洪积扇、江心沙洲上的地点。例如瞿塘峡出口处，有相当于一级阶地上的新石器时代大溪遗址。只要找准了地点，闭着眼睛伸手一摸，运气好兴许能掏出一两件石斧什么的。宜昌下游的古老背一级阶地江边，可以见到从新石器时代直到两三千年前商周的连续完整文化层。对岸的红花套遗址，也有厚厚的新石器时代文化层分布。值得注意的是，我在这儿还发掘出一个远古洪水堆积层，夹藏在文化层之间。这显示出当时曾经有一次洪水事件，淹没了原始人群生活的这个地点。在三峡大坝所在的三斗坪，从前那个巨大的江心洲上，也发掘出一些零星的新石器。这证明在这个取水和渔猎都很方便的地方，当时也曾经有原始人群活动。

阶地的作用还有很多呢！地质学家说，由于阶地是地壳运动间歇性上升生成的，可以利用它研究古时候的地壳运动。

你想知道地壳上升了几次吗？

太简单啦！只消数一下有几级阶地就行了。有几级阶地，就表示地壳曾经上升了几次。

你想知道地壳抬升了多高吗？

这也容易极了。只消仔细测量一下阶地有多高，就知道地壳上升的高度了。

古时候的地壳运动瞧不见、摸不着，阶地就是研究古代地壳运动的最好标本。

不过也必须指出，当时的河流摆来摆去，并不是在每个地方都留下堆积物。加上后来的破坏，同时期的阶地可能在一个地方保存不完整，甚至缺失了。必须在大范围里仔细对比计算，才能得出真实的答案。根据我的观察研究，在四川盆地内外，第四纪以来有4~5级阶地，代表了4~5次地壳上升。

金沙江三级阶地

第三章
宽谷和峡谷

郦道元在《水经注》里描述长江三峡时，有一段非常精彩的文字。

请看，他是怎么写的："自三峡七百里中，两岸连山，略无阙处。重岩叠嶂，隐天蔽日，自非亭午夜分，不见曦月。至于夏水襄陵，沿溯阻绝。或王命急宣，有时朝发白帝，暮到江陵，其间千二百里，虽乘奔御风，不以疾也。春冬之时，则素湍绿潭，回清倒影。绝巘多生怪柏，悬泉瀑布，飞漱其间，清荣峻茂，良多趣味。每至晴初霜旦，林寒涧肃，常有高猿长啸，属引凄异，空谷传响，哀转久绝。故渔者歌曰：'巴东三峡巫峡长，猿鸣三声泪沾裳。'"

郦道元这段话把长江三峡的美丽风光描写得淋漓尽致，是一篇难得的美文，被选入了中学语文课本。

长江三峡是我的一个科研基地。我曾经以地质、考古、旅游设计学者的身份，不下十几次带队，或者孤身一人，来来回回穿行其间。考察是一步步走、一段段看，不像李白那样潇洒，"两岸猿声啼不住，轻舟已过万重山"。要不，我怎么会在名片上印一个"职称"叫作"爬山匠"，与"教书匠""爬格匠"并列在一起呢？

在我的长江三峡考察经历中，记得有一次协同率领一支地质队，沿着整个峡谷进行地质填图。为了完成任务，我们选择一艘可以在任何岸边、冲滩停靠的平头浅底小火轮。这简直就像是一支海军陆战队在抢滩登陆似的。每天一早把一组组队员放出去，晚上再一组组收回来。信不信由你，包括神女峰那样的绝壁，我们也在它的下方找到一条小"路"，攀登到山顶。

不消说，我们对长江三峡的认识，超过1600年前的郦道元。不过我们也不能责怪古人。郦老先生是文学家，也是地理学家，但毕竟不是地质学家。他使用充满浪漫气息的语言，描绘三峡风光，写得栩栩如生，陶醉了世世代代的读者，就很了不起了。何况他是北魏的官员，在那南北分隔的南北朝时期，根本就不可能亲自进入三峡考察。他能够根据收集的资料进行描述，写到这个几乎乱真的地步，也真有他老人家的了。

我想对郦道元这篇文章提出一点儿小小的意见。

三峡是三个峡谷，怎么会"两岸连山，略无阙处"，甚至还"重岩叠嶂，隐天蔽日"，除了正午和午夜，看不见太阳和月亮的面孔呢？读了这段话，人们势必会想象，长江三峡不知多么狭窄，有的地方简直是一线天那样的嶂谷。

当然啰，说这段话错了，似乎也没有太大的错。因为三峡的确是"两岸连山"，没有一片开阔的平原。从这个角度讲，"略无阙处"也没有大错。问题在于作者用浪漫的手笔，进一步描写为"重岩叠嶂，隐天蔽日。自非亭午夜分，不见曦月"，就值得商榷了。要知道，科学语言和文学语言不一样，容不得半点儿含糊的。

其实在三峡的几个峡谷之间，分布着一些宽谷，互相连接构

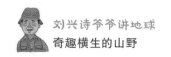

成整个长江三峡。真正到过这儿仔细实地观察的人们，没有谁看不出这一点的。

陆游也看清楚了这个特点。他在穿过长江三峡的时候，现场写了日记《入蜀记》，把三峡沿岸的情况写得清清楚楚。其中有一首诗里就指出：

> 三峡束江流，
> 崖谷互吐纳。

他说对了。

诗中的"崖"是峡谷，"谷"是宽谷。这个峡谷和宽谷相间的现象，在三峡里非常明显。瞿塘峡和巫峡中间有开阔的巫山宽谷，巫峡和西陵峡之间有香溪宽谷，西陵峡上下段峡谷之间是庙河—南沱宽谷。

请看，长江三峡哪里是一个完整的大峡谷呢？如果从科学的角度认真审查，当然就不是"两岸连山，略无阙处"了。

关于峡谷的形势，古代诗人还有更加确切的描述。

杜甫描写瞿塘峡的夔门说：

> 众水会涪万，
> 瞿塘争一门。

白居易冒险夜航瞿塘峡时说：

> 瞿塘天下险，

航拍长江三峡之
瞿塘峡

夜上信难哉!

岸似双屏合,

天如匹练开。

请注意其中的"争一门""双屏合""匹练开"这些词儿,
岂不就是最好的描写吗?

传说在金沙江峡谷里,最狭窄的地方只有 30 米。曾经有一只
老虎用力跳了过去,因此叫作虎跳峡。这是峡谷中的一个有名的
例子。

自然界里的峡谷和宽谷是怎么生成的呢?一般来说有几个原
因。

在软硬相间的岩石里,坚硬岩石地段形成峡谷,软弱岩石分
布的地段就形成了宽谷。

在不同的地质构造中,河流穿过褶皱构造的背斜形成峡谷,
向斜部位则形成宽谷。嘉陵江的沥鼻峡、温塘峡、观音峡,就是

莱茵河峡谷

嘉陵江切过三个平行排列的背斜生成的。中间的澄江镇等几个宽谷是向斜分布的地方。

断块构造也能生成峡谷和宽谷。瑞士巴塞尔和德国美因茨之间的莱茵河，有一连串风光美丽的峡谷就生成在这样的地质构造上。莱茵河流淌在下陷的断裂谷里，两边高高耸立起断层崖。

从美因茨沿河而下，直到波恩的一段峡谷，又是另外一种情况。这儿地壳上升，莱茵河逐渐向下切割，就生成了峡谷。著名的美国科罗拉多大峡谷，两旁出露的一层层五彩斑斓的岩石，也是这样形成的。

莱茵河峡谷、科罗拉多大峡谷都是有名的风景区，每年不知有多少游客前往旅游。请你在游览的时候，留意一下那儿的地质构造吧，必定能得到更多的收获。

一线天

呵呵呵,一线天,这是最最吸引人的去处了。

峨眉山的黑龙江栈道,架设在一条狭窄的幽谷中。抬头一看,碧蓝的天空只剩下一条窄缝。即使在夏天,阳光也只能在正午时分投射进来。人们在栈道上行走,只觉得一阵阵凉气从两旁的石壁和脚下的溪流袭来,更加增添了几分幽深莫测的气氛。人们给它取了一个最恰当的名字,就叫作一线天。

福建永安县的桃源洞一线天更窄,全长100多米,两侧的崖壁紧紧挨靠在一起,最窄的地方只容一个人侧着身子慢慢挤过去。徐霞客来到这里说,这儿比别的一线天更加深邃险峻,可以算是天下第一奇观了。

一线天是怎么生成的?

它往往是沿着一条垂直裂隙劈裂开的。

峨眉山一线天雪景

你知道吗?

地质填图

什么是地质填图?就是必须把图面上的每一个细小角落,将什么时代的地层,什么样的岩石,有什么化石、矿产,地质界线怎么伸展,

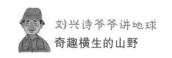

有什么断层，是什么断层类型等，统统填绘在图上。再把一个个点连接成线，完成一张显示不同地质时代、不同地质构造的地质图。按照规定的不同比例尺的要求，必须在每平方千米内，脚踏实地观察规定的若干个地点。这里所说的脚踏实地，就是不管什么艰险的地形，必须真正到达、实地观察，不许远远瞭望一眼就完事了。

想一想，地图虽然是一张平面的纸，其中却包含有许多悬崖绝壁、急沟深涧，填图可不是一件容易的事，必须按照要求，在一定面积内，眼到、脚到、手到，实地观察记录、采取标本，绝对不允许偷懒。

为了让别人检查对比，还必须用鲜明的红油漆在实际地点的崖壁上编号标示出来。特别是地层界线、取样地点等，一点儿也不能马虎。所以，地质队员除了带沉重的装备，还要小心翼翼地带上一小罐红油漆，加上测试碳酸盐岩层的稀盐酸等，千万别打翻弄洒了它们。岩石标本也必须按照规定的长度、宽度、厚度，敲打得规规矩矩，不能马马虎虎拾起一小块儿就万事大吉。

用红油漆在崖壁上标示出来就够了吗？还不成！必须同时填绘一种"实际材料图"。根据实际测量，把一个个观察点投影在图上。检查组和后来的研究者才能按图索骥，在茫茫山野中，一一找到你观测的这些地点是不是准确可靠。一点儿也马虎不得。

这是一项非常艰巨、非常精细的工作。

是呀！是呀！地质队员眼中没有任何不可到达的地方，有的只是图纸上疏密距离的规定。你这就可以理解，为什么说地质队是建设时期的"游击队"、高山深谷里的"蜘蛛侠"了吧。

向你们敬礼，勇敢的地质队员！向你们敬礼，默默无闻地奋斗在荒野的"游击队"员！

第四章
江流曲似九回肠

柳州有一个别名叫龙城。

为什么叫这个名字？因为柳江弯弯绕过它，好像是一条龙环绕它似的，所以叫这个名字了。

柳州本身的名字是怎么来的？这和柳宗元有关系。你看，今天柳州的市中心，还有一座古色古香的柳侯祠，人们至今还在怀念他。

柳宗元在柳州做官的时候，面对着弯弯的柳江，写下了一首诗：

城上高楼接大荒，海天愁思正茫茫。
惊风乱飐芙蓉水，密雨斜侵薜荔墙。
岭树重遮千里目，江流曲似九回肠。
共来百粤文身地，犹自音书滞一乡。

请注意，其中"江流曲似九回肠"一句话，非常形象地描写了柳江的形势，也就是地貌学家所说的曲流。

新疆巴音布鲁克草原上的"九曲十八弯"

柳江的曲流算什么。天下最弯曲的曲流，在长江中游的江汉平原上，弯来拐去的曲流，那才真像是"九回肠"，教人大开眼界。其中，藕池口到城陵矶的一段，直线距离只有 80 千米左右，河道实际长度却有 270 多千米，自古就有"九曲回肠"之称。

为什么江汉平原上长江的河身这样弯曲？这和这里特殊的环境分不开。

这儿是一片宽展的冲积平原，两边没有坚硬的岩石和山地约束，松散的泥沙组成的河岸很容易被冲刷，河流可以自由自在地摆来摆去，于是就生成了一个个连环套似的河湾。

这样弯曲的河流，在地质学里有一个专门的名字，叫自由曲流。

因为它好像是一条弯来拐去的水蛇，所以又叫蛇曲。

弯弯绕的自由曲流，不慌不忙、自由自在、弯来绕去，慢慢地流淌着，造成一个又一个绳套似的河湾。有的河湾两边的距离很近，几乎快要挨着了，好像是细细的脖子，这叫曲流颈。来往的船只沿着弯曲的河道行驶得慢极了，还不如登上岸，穿过狭窄的曲流颈走过去快些。

当河水冲开曲流颈，产生截弯取直作用，就会形成一条新河道。原来有水的弯弯老河床，两头渐渐淤塞了，就会形成一个月牙儿似的弯弯的湖泊，这叫牛轭湖。

牛轭是什么东西？

这是套在牛脖子上面、用来拉车的一根弯弯的木头。地质学家用这个东西来形容这种湖泊，非常形象贴切。

让我举例说明吧。1972 年 7 月 19 日，长江在湖北石首县（先为石首市）六合垸附近，冲开了北岸一个曲流颈。河道截弯取直后，江水迅速分流。一个月以后，新河床已经加宽到 1000 米左右，成

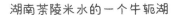

湖南茶陵米水的一个牛轭湖

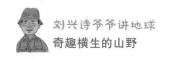

为主航道。原来的弯曲河床水流越来越少，进口和出口地方逐渐淤塞，很快就和长江失去联系，成为一个弯弯的牛轭湖。因为它很像弯弯的月牙儿，当地人给它取了一个非常形象化的名字，叫作月亮湖。

你想看这种自由曲流和牛轭湖的全貌吗？乘坐飞机经过这儿，坐在一个有窗口的位置，就可以看见许许多多这样弯弯曲曲的牛轭湖了。有的还有水，一派水汪汪；有的已经成为两岸农田的一部分，可还保存着原来的弯曲形状，使人联想到它往昔的模样。

牛轭湖能够长期保存下去吗？

不会的，因为它失去了水源，就会淤塞得越来越浅，逐渐演变成沼泽，成为水草丛生的地方。最后沼泽也被淤平了，在大地上完全消失，只留下泥沙掩埋的弯弯的泥炭矿体，作为曾经演出过一幕幕地形变迁的证据。

河水有了笔直的新河道，就不会再弯来绕去了吗？

不，因为这儿的河岸都是松散的泥沙，很容易被冲刷，用不了多久，又会慢慢发展成为新的河湾了。

这是什么原因呢？这就是自由曲流的脾气。

书法家的科学发现

公元762年，唐代著名书法家颜真卿来到嘉陵江边，在今天仪陇县新政镇的一个地方，瞧见一座非常奇怪的小山。这座山不和周围的山丘相连，背后似乎还有一条弯弯的古河床，把它和周围的山冈隔开，孤零零地耸立在干涸的河湾里，远远看去非常显眼。

颜真卿想，它原来必定和别的山冈是连在一起的，是后来被河流冲开的。于是就给它取名叫作"离堆"。他还亲笔写了一篇文章刻在石碑上。

他没有看花眼，结论是正确的。原来这座有名的离堆山，真的是河道弯曲发展时把岸边的山冈切开的结果。

嘉陵江从西边的大山里流出来，进入四川盆地后，河身像蛇似的弯曲盘旋，河湾的弯曲程度越来越大，最后江水冲开细长的曲流颈发生改道，像自由曲流一样把河湾切开。中间没有形成牛轭湖，却有一座和两岸隔开的孤山，这就是颜真卿发现的离堆山。

自然界里的深切曲流和离堆山很多，可惜人们没颜真卿那样的慧眼，谁都没有注意到这个现象，直到近代才被西方地理学家发现。这些西方地理学家自以为了不起，殊不知1000多年前的颜真卿才是研究离堆山的老祖宗。他留下的那块碑，就是最好的明证。

都江堰 离堆

第五章
金沙江"凶杀案"

赶快拨打 110，金沙江发生了"凶杀案"。

哎呀！这是怎么一回事？凶杀可是恶性案件，必须追查到底，绝不能放过犯罪嫌疑人。

不得了！一条河被另一条河"谋杀"了，从脖子一刀两断，证据确凿，想赖也赖不了。

噢，什么？什么？怎么会一条河谋杀另一条河呢？是报案人太紧张，嘴里没有说清楚，还是咱们的耳朵有毛病，稀里糊涂听错了？

不！不！不！他没有说错，我们也没有听错。这件事发生在云南丽江石鼓镇附近，的确是一条河"谋杀"了另一条河。受害者是石鼓南面的一条小河，凶手就是金沙江。

哇，不会开玩笑吧？请不要浪费警力资源。110 不管这种事，去向科学院报告吧。

这事是怎么来的？科学家会查个水落石出的。

这件事还得从 20 世纪初说起。当时有人瞧见地图上金沙江在

长江第一湾——云南石鼓镇段金沙江

石鼓来了一个锐角急转弯，从北北西一下子转为北北东，似乎有些不合常理。再一看，石鼓正南边还有一条河，笔直地从北往南流。他凭着敏锐的感觉，觉得其中可能出了问题。

到底出了什么事？

他认为按照常理来讲，从石鼓以上的金沙江流向分析，金沙江应该流往南方，不可能反转向北流去。这是一个反常现象，其中必有问题。是不是古金沙江原本通过石鼓往南流，不料被北北东方向一条河伸展过来，在这里切断了古金沙江，使它改道北流，发生了河流劫夺现象，生成了金沙江上游的"长江第一湾"呢？

劫夺者称为劫夺河，也就是北北东方向伸展来的那条河。

被砍断上半截身子的那条河，叫作断头河，也就是今天看见的在石鼓南边的一条河。

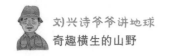

劫夺处的河湾，叫作劫夺湾，位置就在石鼓。

劫夺湾和断头河之间有一个山垭口，可能是过去的古河床的遗迹，现在已经干涸了，叫作风口。

以上诸点，是河流劫夺的主要证据，这儿都具备，因此人们就把这里当作河流劫夺的典型案例。

这个河流"凶杀案"说得有板有眼，人们看了地图不由得不相信。可惜当时交通不方便，不能到现场调查清楚。后来又是十四年抗战，人们根本没有心思管这件事。这一件科学公案，一放就是好几十年。

20世纪50年代，地质部门开始调查这件事情。查来查去，最后宣布：事出有因，查无实据。

这话怎么说呢？

原来这里的断裂构造很发达，加上其他的构造线，控制了所有河流的流向。石鼓附近有天生的北北西和北北东两组构造线，这就决定了金沙江先从北北西方向流来，到了两组构造线的交叉点，也就是石鼓这个地方，又顺着北北东方向流去，就在地图上形成一个急转弯，迷惑住了大家。

石鼓背后山垭口南边的那条河呢？那是沿着另一条南北向的构造线流动的。检查了山垭口和这条河的砾石，完全是当地的成分，不是金沙江上游冲带来的。这就好像做了亲子鉴定的DNA血型检查，石鼓上下游的金沙江之间有99.99%的亲子关系，但与南边那条小河的关系为0。

冤枉啊，实在太冤枉了！一件拖了好几十年的河流"凶杀案"，最后结案告破。可怜的金沙江背了几十年的"凶手"名声，终于洗刷干净了。

自然界里的河流劫夺现象很多。四川江油境内的马角坝河，就在雁门坝火车站附近，被另一条河劫夺了上半段。我首先发现了这个事件，坐火车经过的旅客都能看见。这才是一个真实的河流劫夺的案例。

第六章
天生的岩石园林

昆明附近的路南这个地方，有一座名扬四海的岩石园林。广阔的原野上，到处矗立着尖牙利剑般的高大石柱和石墙。有的像宝塔，有的像大树，有的像各种各样的珍禽怪兽，还有一个活像是传说中的彝族少女阿诗玛。人们给这些石柱、石墙取了好听的名字，有的叫"双鸟渡食"，有的叫"万年灵芝"，有的叫"象居石台"……这些神奇的石柱、石墙，一个个造型优美，栩栩如生。它们密密麻麻聚集在一起，共同组成一个巨大的石头迷宫，好像是一个石头的森林。加之其内部弯来拐去的狭窄通道，穿插盘旋，好似一个迷魂阵，更加增添了神秘的气息。如果没有指路牌，稀里糊涂走进去，没准儿会迷路。

这个地方实在太美、太奇特了，人们干脆就把它叫作石林，开辟为一个风景区。

这座天然石林是怎么生成的呢？这得从一个神话传说说起。

传说从前这儿有一个名叫阿斯阿伯的恶神，不赶马、不赶羊，却喜欢挥起鞭子赶着石头玩。如果石头不听话，他就挥起鞭子使劲抽打。所有的石头都被他打得遍体鳞伤，留下一条条伤痕，至今还能看见。

这个家伙不老老实实在一个地方待着不动，整天像赶羊似的，赶着黑压压的一大片石头，到处游来荡去。沉重的石头不是温驯的羔羊，身子本来就很重，被赶得跌跌撞撞乱走乱闯，压坏了沿途的庄稼。老百姓辛辛苦苦一年的劳动，转眼就泡了汤，没有一个人不恨他。

有一次，他赶着许多石头来到路南的一条河边，想堵住河水，淹没两岸的田野和村庄。正在危急的时候，一个勇敢的撒尼青年赶来，和他从晚上打到天亮。第二天早晨，太阳露出万道金光，照得阿斯阿伯睁不开眼睛，只好扔掉石头逃跑了。这些留下来的石头，就变成了一片奇异的石林，永远留在这个地方。

云南昆明石林风景区

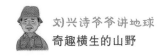

这个神话故事在当地流传很广，被说得活灵活现，使人觉得好像真有这回事似的。

神话当然不能当真。原来这是大自然老人的杰作，是一种特殊的石灰岩地貌。可是石灰岩一点儿也不稀罕，为什么别处很少有这样的石林，却只分布在这儿呢？

地质学家说，生成这样的石林，必须有几个条件：

第一条，需要有很厚的石灰岩层。要不，怎么能生成这样高大的石林呢？

第二条，必须是质地很纯、很容易溶解的石灰岩。要不，也不能溶蚀得这么深入。

第三条，岩体内必须有许多密集分布的垂直裂隙。要不，就不能顺着垂直裂隙进行溶蚀作用，把整个岩体一处处分开，生成一根根石柱和石芽了。

第四条，石灰岩层必须是水平的。密密的垂直裂隙和水平层理交叉在一起，才能生成更加复杂的形态。

第五条，必须分布在高温多雨的湿热气候环境内。要不，不能形成强烈的溶蚀作用，也就不能生成这样的石林了。

这些条件非常严格，可是在路南全都有。丰富的雨水沿着裂隙向下溶蚀发展，日久月深，垂直裂隙溶蚀发展，渐渐地把易溶的石灰岩从上到下分开，雕塑成形态奇异的石林了。

水流不仅沿着岩体内的垂直裂隙溶蚀发展，还顺着它的水平岩层进行溶蚀，于是在一根根石柱表面留下许多横向的凹槽，被人们当成是传说中皮鞭抽打的痕迹了。

这就是路南石林生成的真相。

溶沟和石芽

在石灰岩原野里，常常可以看见一条条切割进岩石里面的沟壑，一道道拱起的石头埂子，活像是一个巨大的棋盘，也像是无数载重车辆留下的轨迹，布满了整个原野。

传说，当年宋太祖和陈抟老祖在华山下棋，赌输了这座名山。

还有一个"烂柯人"的故事也很有传奇意味。一个樵夫走进大山深处，遇见两个仙人正在下棋。他看得太出神了，等棋局散了，仙人走了，樵夫低头一看，落在地上的斧头木柄已经腐烂了，不由得大吃一惊——想不到一盘棋竟下了许多年头。

人们瞧着这样的景象，不由得会想，这是不是神话中的"棋盘"？

不，这不是神仙对弈的"棋盘"。原来这是一种特殊的喀斯特微地貌，叫作溶沟和石芽。凹下的是溶沟，凸起的就是石芽了。在这儿的石灰岩内，本来就有纵横交叉的裂隙，水流沿着裂隙不断溶蚀发展，就生成了一条条溶沟，残留在溶沟之间的就是凸起的石芽了。

湿热气候环境中的石灰岩地区，风化作用非常强烈，生成了很厚的黏土层，有一些溶沟、石芽会埋藏在厚厚的土层里，可别忽略了呀！

第七章
桂林山水甲天下

桂林美！桂林实在太美！

桂林美在哪儿？

桂林的美在山水，人人都说桂林山水甲天下。

桂林的山和水，凭什么甲天下？

张三有张三的说法，李四有李四的说法。每年来这里的游客成千上万，各执一词，不知道该听谁的。

请韩愈老先生解答吧。他是唐宋八大家之一的大文学家，才高八斗，说话当然有权威。

他说：

江作青罗带，
山如碧玉簪。

请看，简简单单十个字，就把美丽的桂林山水描写得活灵活现。真不愧是一代大师，一出口就是千古绝唱。如果换了别人，

桂林山水

没准儿会来一大堆形容词，"美丽"呀，"神奇"呀，"wonderful(漂亮，美丽)"啊！不知会浪费多少表情，噼里啪啦拍多少照片，说了老半天，也说不到点子上。

仔细分析韩愈的这两句诗，就知道桂林山水甲天下的秘密了。

瞧吧，这儿的山，是碧玉簪一般的山。

碧玉簪比喻的是什么？就是形容它那绿碧碧的颜色，玉一样的质地和精神，簪一样的奇妙造型。

是呀！这儿的山虽然不高，却与众不同，外形神奇得简直难以想象，似乎每一座小山和孤峰都有一段传奇的故事。

看吧，有的像趴在地上休息的骆驼，有的像在江边戏水的大象，有的像对着江水梳妆的美女，有的像放下书箱休息的书童。还有一座山，好像是一座有图画的天然屏风，里面藏着九匹奔

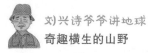

广西桂林"九马画山"景区

腾的神马，真是越看越像，简直看花了游客的眼睛。

再放眼一看，还有些小不点儿的山重重叠叠，排列在两岸无边无际。到处都是奇峰异石，数也数不清。真是藏龙卧虎，不知还有多少好风景！

这儿的漓江水清亮亮的，像是一条青青的薄纱罗带。浅浅的水好像镜子，映照着两岸一排排青山翠峦的倒影。透过清澈透明的水波，可以看见水底上下浮游的鱼儿，一颗颗彩色小石子，简直就像是一块块可以流动的软玻璃。

漓江水到底有多么清亮？

让清代诗人袁枚补充吧。他乘船沿着漓江慢慢行驶，到兴安去游览，途中有一首诗描写说：

江到兴安水最清，

青山簇簇水中生。

分明看见青山顶，

船在青山顶上行。

　　兴安在桂林境内，是桂林山水中最美的一段。人们说"桂林山水甲天下，阳朔山水甲桂林，兴安山水甲阳朔"，从这就知道这儿的山水有多美，可以说，兴安是桂林山水精华中的精华了。

　　看吧，这儿的漓江水多么清亮，水中的两岸青山倒影看得清清楚楚。低头瞧见水里的青山，船儿好像在山顶上驶过似的。这是多么迷人的一幅江上风景画呀！

　　韩愈和袁枚两位诗人已经说清楚了，你该知道桂林山水到底怎么甲天下了吧。

广西桂林漓江

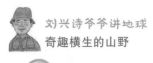

桂林山水的秘密

桂林的山是什么山？

这是一些巨大石芽一样的孤峰，它有一个专有名词叫"峰林"。

峰林是什么意思？就是"石头山峰之林"嘛。这个名字再恰当不过了，谁说研究花岗岩的地质学家的脑瓜也变成了僵硬的花岗岩没有一丁点儿诗意呢？

峰林生成在高温多雨的热带、亚热带地区，是一种特殊的"老年期"石灰岩地貌。

在一片厚厚的石灰岩分布的地方，整年的天气就只能用一个"热"字来表达，再有一个关键词就是"湿"。

"湿"，有的是哗啦哗啦或者迷迷蒙蒙的雨水，不停地洗刷这些石灰岩山丘，进行溶蚀作用。"热"加强了这种作用，使溶蚀越来越深入。大片大片的石灰岩山地，经过长期发展，最后就剩下一些起伏的低矮丘陵了。有的还有一个低矮的基座互相连接，有的则完全分离开，成为耸立在平地上的一座座孤峰。

由于受岩层里纵横交错的裂隙和岩石成分不均匀的影响，这些石灰岩孤峰的外貌各自不同，就生成桂林山水中形形色色的奇异山峰了。

这些山峰虽然都是光秃秃的岩石，可是在这样"湿"、这样"热"的气候环境下，石缝里掉下一粒种子，就可以生根发芽。高高的山顶上，陡峭的岩壁间，生长出一枝枝、一丛丛茂密的草木，就像一个个美丽的碧玉簪了。

桂林的水是什么水？

为什么会有这样清澈透明的江水？

这也是石灰岩地区特有的现象。

原来，石灰岩的主要成分是碳酸钙，被水溶蚀分解以后，几乎没有一丁点儿泥沙留下来。没有泥沙的河水，当然比别的河流清澈得多啦。

小卡片

孤峰、连座峰林、峰丛

桂林山水中的石灰岩小山，地貌学里笼统称为溶蚀残丘。溶蚀残丘可以细分为孤峰、连座峰林和峰丛。

孤峰是一个独立的石峰，漓江边有名的书童山、独秀峰，都是这样的小山。

连座峰林虽然概括了这儿所有的石灰岩小山，但也可以进一步专门指一种特殊的地形，即下面有低矮的基座相互连接、似乎藕断丝不断的山峰。

峰丛是生成在一些山上的石灰岩峰林。

故事会

一次攀登孤峰的回忆

有一次，在广西大瑶山中，我看见一座拔地而起的石灰岩孤峰，将近100米高的陡崖崖顶有一个溶洞。从洞形和高度层位上看，和著名的柳城巨猿洞差不多。

我陡然升起贪功之念，也没多想，就带了几个助手爬了上去。这座孤峰十分陡峭，好在是倾斜岩层，背面并非直立，可以攀登。

我们好不容易攀到接近峰顶的地方，沿着一道宽不过半米的石檐，扶着岩壁小心前行。在距离洞口只有几米远的地方，忽然发现前面的"路"断了，必须跨过一个宽约半步的缺口方能进入洞中。如果在平地上，这半步距离算不了什么，可是，在这八九十米高的半空中，犹如悬身在一座二三十层的高楼外面，心理作用影响，怎么不胆战心惊？事已至此，还有什么可以多想的呢？我屏住呼吸稳住神，一步跨过去，再把后面的队友一一接引过来。谁知洞内什么都没有找到，白白锻炼了一下身体和胆量。事后回想起来，实在有些后怕。

第八章
地下渴龙的嘴巴

1976 年和 1977 年，我先后两次跟随一支水文地质考察队，在广西西部的大瑶山中找水。

谁不知道这里是亚热带，几乎每天都下一场大雨，还会缺水吗？

可事实上，这儿真的是严重缺水地区。尽管山上长满青葱的树木，却是有名的"绿色荒漠"。一个个山洼里的农民没有水，自古以来就过着"一水三用"的日子。好不容易积下一点水，洗菜、洗脸后，最后才能喂牲口。老百姓没法种水稻，只能天天啃玉米，日子过得非常艰苦。这种状况深深刺痛了考察队员的心，我们下定决心：一定要帮乡亲们解决困难。

空中不断下雨，怎么还会缺水？这是石灰岩地区一个老大难的问题。

这儿流传着一个民间传说，说地下藏着一条永远也喝不饱的渴龙，是它张开大嘴巴，把所有的水统统吸得一干二净。

地下真有一条渴龙吗？那当然是无稽之谈。

原来，这儿的溶蚀作用非常强烈，地面到处散布着一个个大大小小的天然漏斗。遍布地面的漏斗，张开朝天的嘴巴，把雨水、地面流水统统吸进肚子里。

噢，漏斗就是罪魁祸首。

石灰岩地方的漏斗是怎么生成的？这和特殊的溶蚀作用有关系。水流沿着暴露在地表的岩石垂直裂隙渗透到地下，随着漫长岁月的作用，逐渐溶蚀扩大了这些缝隙，形成一个个直通地下的管道。加上由于溶蚀作用生成的地面吸水凹坑，就形成一个个特殊的漏斗了。

瞧着这些吸水的漏斗，人们不由得好奇地问：它们把水引到什么地方去了？难道地下真有一条喝不饱的渴龙吗？

不，现实生活里哪有龙这样的怪物？原来所有的水全都通过漏斗流进了地下暗河。大瑶山中虽然地面缺水，却有着非常丰富的地下水资源。

明代大地理学家徐霞客早就注意到这个现象了，他把这些大嘴巴漏斗叫作"眢井"。"眢"就是碗的意思。他不仅十分准确地描绘了这种地形的外形特点，还十分清楚地说出了它的功能。按照他的描述，这种碗形洼地下面，有一个很深很深的井，水就是从这儿流到地下去的。

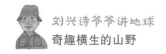
仔细看漏斗，它有特殊的分布规律。

它总是散布在容易吸水的低洼地方。

它常常整整齐齐排成一串，十分惹人注意。

为什么会这样？难道它们真的很守纪律、懂得排队吗？

不，顽石生成的漏斗，怎么知道排队呢？这和它们生成的原因有关。

原来，漏斗都生成在地表有裂隙的地方。岩石裂隙往往在地面延伸很远，时而张开，时而闭合。在裂隙张开的地方最容易溶蚀，顺着一条条岩石的裂隙，就生成了一个个漏斗，自然成串排列得整整齐齐了。

云南曲靖罗平牛街村的螺丝梯田，由串珠岩溶漏斗地质地貌构成

不消说，在两条裂缝交叉的地方，更加易于溶蚀生成漏斗，这里的漏斗也最大。

通过仔细研究，我们发现了它和地下暗河之间的关系。

道理很简单，地面的漏斗就是地下暗河的进水口哇！

一排排漏斗总是沿着一条条地面上的岩石裂隙分布，下面的地下暗河也沿着同样的裂隙伸展。

地面成排成列分布的漏斗群，活像是一串串笔直排列的箫孔或笛孔；下面的箫管或笛管，就是隐藏在地下深处的暗河。

这是不能吹响的"笛"或"箫"，似乎只是摆样子的。可是在找水的地质队员眼中，这一串串漏斗却仿佛传出了美妙的音乐。因为在成排成列的漏斗下面，必定有相应的一条条潜伏暗河。只

云南文山坝美溶洞

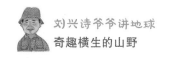
要测量准确岩层倾斜的方向，计算好地下水面的埋藏深度，就能顺利地抓住暗河的尾巴了。我们曾经做过实验：把一袋子谷糠倒进吸水的漏斗里，不用多久就会发现这些谷糠从附近山下的暗河口里流了出来，这证明二者完全相通。

我编了一个"地上漏斗排成串，暗河必定在下面"的顺口溜，正是这个现象的真实写照。

哈哈哈！聪明的地质队员用这些不能吹出调子的"笛"或"箫"，吹奏出一曲胜利的找水战歌。

落水洞

落水洞是沿着裂隙溶蚀发展生成的，是地面和地下暗河、溶洞之间的一种垂直通道。它比漏斗大得多，有的可以形成巨大的天然竖井，随着地下裂隙伸展，除了垂直的，还有倾斜的和弯曲的等形态。

阿尔卑斯山一个巨大的落水洞

第九章
幽冥地府的天窗

地下世界黑沉沉的，没有一点儿亮光，好像是另一个世界。

唉，如果在这儿装上灯就好了。要不，干脆开一个天窗，让洞外的太阳光照射进来也好哇！

不，这不是梦想，有的地下溶洞里真有这样的天窗呢！

天窗是喀斯特地貌的常见现象。它和常见的落水洞一样，是地下水的水平循环带和垂直循环带沟通的管道。一般孔径很大，上下垂直距离比较短，从黑沉沉的下面向上仰望，真的像是一个个自然形成的天窗。洞外的太阳光从上向下投射进来，映照着黑沉沉的洞内，显得神秘兮兮的。

贵阳城外地下公园的溶洞里，就有这样的天窗。

这个岩洞非常特别，和别的弯来拐去、洞厅串着洞廊、小洞连着大洞的溶洞不一样，而是一根肠子通到底，笔直向前伸展的洞穴。整个洞穴坐落在同一个平面上，就是一个笔直的地下通道。

原来这是一条远古的暗河。水消失了，留下空荡荡的通道，好像是一条被遗弃的地下隧道。按理说，这样的干涸暗河河道在

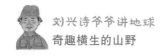

石灰岩地区十分普遍，一点也不稀奇，不值得专门开辟为公园。可是它却有一个非常奇特的地方，你看了肯定会忍不住啧啧称奇。

没有来过的人会问：它到底有什么特殊的地方使游客这样感兴趣？

原来它和别的洞穴不一样，里面很少有照明设备，基本上都是依赖自然光照亮洞内的一切。

自然光可以投射进洞吗？

可以呀！游客沿着洞廊走不了多远，头顶就会豁然开朗。一个又一个宽大的窟窿，露出洞外的天空和树影，有时还能看见一群群鸟儿唧唧叫着飞过。金灿灿的太阳光投射进来，照亮了洞内的一切景象。走累了的游客可以借助天光照耀，悠闲自在地看书、下棋呢。

贵州毕节市九洞天

好奇的人们会问，洞顶这些窟窿是怎么生成的？是不是专门开凿出来照明的？

　　不，这不是人工开凿的，而是天生的天窗。当年暗河水从洞中静悄悄流过，通过这些天窗从上面可以看得一清二楚。如果现在洞内有水流过，该是多么奇异的景观哪！

　　四川兴文县的石林风景区内，有一个著名的天泉洞，就是以一扇高高开在洞顶的天窗而闻名。多雨季节飞泻下一股瀑布水，在洞中发出哗啦哗啦的回响。平时透过天窗投射下一束灰蒙蒙的光线，像是一道光的瀑布，无声无息地直落下来，比有声的瀑布更加神秘诱人。作为这个风景区的顾问，我曾经多次来到这里，

广西凤山三门海天窗

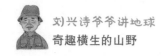

目睹过一群群小蝴蝶围绕着光柱上下来回翻飞。这种情景简直像是一个神奇的童话世界。

在广西西部石灰岩地区，这样的景象更多。低低的天窗下面，流着静悄悄的暗河水，放下一个水桶就可以打起水来。有的天窗很大，沿着人工开凿的阶梯走下去，可以在暗河边洗衣、放牛、休息。

石灰岩山区地表经常缺水。有天窗出露的地方，抽水很方便，可以灌溉农田。人们常常聚集在天窗旁边居住，于是便自然形成一个个村寨。

有趣的是，我在后面一节所说的广西都安地苏乡所发现的那个几万年前的古人类遗址，正好位于一个巨大的天窗旁边。是不是原始人也看中了这样的地理环境，利用暗河天窗取水生活呢？

第十章
世外桃源在人间

　　啊，桃花源，多么神秘的地方！自从大文学家陶渊明写了一篇《桃花源记》后，人们一直在苦苦寻找它。

　　桃花源是什么样子？

　　陶渊明描述说，有一个渔夫划着小船，顺着一条两岸桃花盛开的溪流，来到很深很深的山里。他穿过一个幽深的山洞，忽然走进一个神秘的地方。这儿有青青的草地、茂密的树林、弯弯曲曲的小河、亮闪闪的池塘。四周围绕着一圈屏风似的山，把这里与外面的世界隔开。住在这儿的人们是为躲避残暴的秦始皇逃亡进来的，一代代不和外界来往，不知道现在是什么朝代以及外面发生过什么事情。

　　人们读了这篇文章，忍不住会问："这是真的吗？难道世界上真有这样和外界隔绝的世外桃源？是不是陶渊明编造的传奇故事？"

　　桃花源到底在哪儿？人们到处苦苦寻找。

　　有人说在湖南，就在湘西武陵，这儿不是有一个桃源县嘛。

　　有人说在江西，也有人说在重庆。各种各样的说法，不知道谁说的是真的。

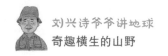
得了，别东猜西猜了。陶老夫子留下的一个谜，谁也不明白真实的意义。没准儿这真的是一个美丽的传说呢。

得了，别老是纠缠着这件事了。在广阔的自然界里，同样的"桃花源"有的是，我在野外工作中就见了不少，还带着地质队在里面扎过营，住过不止一两次呢。

请注意，我在这儿说的是"同样"的，而不是"同一个"。一句话，比照着陶老夫子的描述，可以寻找到许许多多的地方。

陶渊明描绘的这个世外桃源有什么特点？

第一，周围山墙环绕，只有一条秘密小路，或者一个山洞与外界相通。

第二，中间一片平地，可以种庄稼，有的还有清清的小河和小湖。

在地质工作者的眼里，这样的玩意儿实在太多了，一点儿也不稀罕。石灰岩地区的坡立谷，就是最形象的世外桃源。说得更加具体些，广西就有很多，一下子数也数不过来。住在里面的人，每天照常看《新闻联播》《天气预报》，过年的时候喜气洋洋看《春节联欢晚会》。有人出外打工，有人进来游玩，压根儿就不是什么与世隔绝的乌托邦。

坡立谷是一种特殊的溶蚀洼地。说它有些特殊，因为在气候炎热、雨量丰富的热带、亚热带，石灰岩地区的溶蚀洼地多的是。在充裕的水热条件下，溶蚀作用非常发达，就会生成这种特殊的地形了。往前走哇走，往往穿过一个洞穴和溶蚀裂隙，就能进入另一个神秘的天地了。

广西凤山天然溶洞

这种地貌是怎么形成的呢？原来是经过水流长期溶蚀作用，从一般的溶蚀洼地，进一步发展的结果。

在石灰岩地区，有各种各样的溶蚀洼地。有的底部起伏不平，有的是平的。可它们有一个共同的特点：几乎没有一丁点儿水流出露。大大小小、深深浅浅不一样，一个紧紧挨靠着一个，密密麻麻地排列着。如果从空中看，简直就像是马蜂窝。生活在当地的壮族，把这种地貌叫作“弄”。在广西都安县北

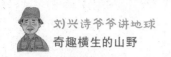

部，有一个地方叫七百弄，就是这种地貌最典型的代表。

坡立谷就不一样了，里面常常有一些小河流过，有的甚至还有水塘呢。四周围绕着一圈屏风似的山墙，把这儿和外面的世界隔开。这里可以养鸭养鱼，耕种田地。一般的溶蚀洼地可没有这样的风光。

这是怎么一回事呢？

地质学家会告诉你，这是生成在不同情况下的产物。

一般的溶蚀洼地很可能因为向下发展还不够，还没有接触到地下水的水平循环带。

哦，这是一个地质学的术语。说得简单些吧，一个地方的水平循环带，大致就相当于当地的地下暗河的水面。想一想，这个洼地的底部还没有"够着"地下水面，怎么可能有水流出现呢？

坡立谷就不同了，向下的溶蚀发展已经到达了当地的地下水面，当然就有水流出来，生成小河和小池塘了。

我猜想，没准儿陶渊明就曾经闯进过一个这样的坡立谷，因此才写出了流传千古的《桃花源记》。请原谅陶老夫子没有学过现代地质科学，没有把事情说清楚。

广西都安县地苏乡东风坡立谷

第十一章
代替原始人"选房"记

说到坡立谷，我想起一件有趣的事情。

1976 年，我所在的成都地质学院派出一支队伍在广西都安地区进行地质考察。年终收队的时候，我前去检查工作，发现所采集的标本中，有两件旧石器时代晚期的打制石器。既然这里有石器，必定有原始人居住。但是这里有大面积石灰岩分布，到处都是起伏的小山，每座山都有许多洞穴。在这一片茫茫石灰岩山野里，在哪儿才能找到石器的主人呢？

为了解决这个问题，第二年，当大队伍重新来此工作的时候，我就亲自带领一支洞穴小分队专门寻找他们。在都安县地苏乡，我发现了一个有河有湖的坡立谷，而且在周围的山丘上，还密密麻麻地散布着许多洞穴。

嘿嘿嘿，这很可能就是原始人的一个"小区"呀！至少也有"独幢别墅"分布。

我命令队伍停下来，就在这里扎营，并转身问大家："如果你是原始人，喜欢这个地方吗？"大家齐声回答："喜欢哪！"

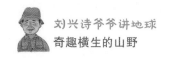

我又问："如果在这里修房子，给你们分配宿舍，你们挑选什么条件的？"

这一说，大家兴趣来了，一个个兴致勃勃，七嘴八舌地开始议论。

有人说："当然要朝南的。"

好的，朝北的洞穴就排除了。

有人说："要用水和进出都方便的。"

旧石器时代没有电梯，比较高的、地势太陡峭的洞穴也统统被排除。一些位置不高、靠近河湖的洞穴被列入了首选。

有人担忧说："那时候野兽太多，可别住一套什么野兽都能闯进来的房子。"

又有人补充说："这里可能发洪水，也不能弄一套'水漫金山'的房子呀！"

这样的担心都不是没有道理的，当时的原始人必定也会考虑这样的安全问题。这样一来，一些太高、太低以及洞口太大的洞穴全都被排除掉了，剩下的洞穴就容易寻找了。

哈哈哈！经过这么一分析，问题也就清楚了。

往下还有什么说的？

我就带领着这些"选房"代表团，在这个风景宜人的"小区"里发现了古人居住的遗址。此外，还有大量晚更新世的"大熊猫—东方剑齿象动物群"化石，该地是华南同时期哺乳动物化石数量最多的地点之一。

看来，不光是桃花源里避暴秦的遗民，原始人也喜欢环境优美的坡立谷。

原始时期古人类遗址分布规律

根据我的观察，原始时期古人类选择遗址，主要考虑交通、取水和取食的方便。他们结合不同的自然环境，有着不同的选取原则。

一、岩溶地区古人类遗址

原始人选择洞穴也有学问，不是见洞就钻，并不是所有的洞穴都适宜居住。在这里寻找原始遗址，不能盲目进行，而应该设身处地，站在原始人的角度，进行合理推理分析，并做出正确的判断。

关于寻找洞穴，我有以下一些体会：

1. 洞口较小，洞内有一定的面积。洞口不能太大，也不能太小，略呈壶形为最佳。湖北长阳人洞穴可以作为例证。洞穴的规模不一定十分大，像遍挂美丽钟乳之巨型洞穴，或者八面通风、四面有出口的洞穴都不宜居住。

2. 洞口一般朝南，有阳光映照。人们一般不会选择朝北背阳的洞穴居住。

3. 洞口要高出地面，可以防备洪水侵入，但又不能太高，以致自己进出不便。考虑到不同地质时期新构造运动活动的影响，早期原始遗址例外，例如柳城巨猿洞就分布在距离地面近百米的峭壁上。当时的原始遗址距离地面也不会太高，如今所见乃是后期新构造运动抬升的结果。

4. 洞口附近有水流，地势比较开阔，取水、狩猎都比较方便。

关于洞穴这个问题，需要特别强调的是，不是有洞就有原始人的踪迹。在石灰岩地区，也不是原始人都住洞，还涉及一个采光的问题。一切要从具体条件分析，不能一概而论。就柳州白莲洞遗址而言，这

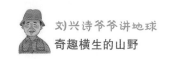
个洞穴本身十分巨大，可是原始遗址并不在洞中，而在洞口附近一个半露天的龛室。其下部有一些障碍物遮掩，上部却基本敞露。这样的龛室犹如今日之半落地宽大窗户，不仅采光条件良好，空气流通顺畅，即使洞内生火烹饪，也不致乌烟瘴气让人难以忍受。要知道，原始人也是人，也有一个人性关怀的问题。

由此可见，在石灰岩地区寻找原始遗址，不能盲目乱钻乱闯，必须遵循一定的规律进行，才能获得事半功倍的效果。

二、非石灰岩区沿河地带古人类遗址

一般情况下，以支流汇入主流的河口附近为最佳，例如著名的资阳人化石地点、瞿塘峡口大溪遗址等。理由如下：

因为当时原野与现在不同，遍地林木丛生不易通行，只有沿着河谷才是最佳通行道路。小河口位处主、支流两条沿河道路交叉点，取水方便，也是野生动物聚集饮水地点，因此狩猎也极其方便，宜于原始人居住。在支流河口附近，一定程度可以避开主流洪水影响，也是选址的一个重要根据。

沿河地带的河流凸岸一级阶地、支流冲积扇、孤立山丘等地点，也适宜原始人居住。

前者例如我在原巫山县医院工地所命名的巫山人头骨化石地点、湖北宜都红花套遗址，后者例如绵阳边堆山遗址等，都可以作为例证。

在远离主流的一些支流，根据流水沉积学原理，虽然不一定有原始人遗址，但是在一些河床弯曲段的深潭部位，有可能发现上游冲带来的化石和石器。这样的沉积环境，由于涡流存在，常常富集堆积物。在整个地质剖面中，呈透镜状产出。倘若上游有原始人活动，石器和其他遗物就很可能被冲带到这里。其他哺乳动物化石更加不消说，常常在这样的沉积相内发现。毫无疑问，这提供了更加广泛的线索，比漫无边际寻找原始人活动遗迹方便得多，绝对不是"碰运气"。

三、平原地区古人类遗址

以成都平原为例，我发现古蜀时期的遗址，几乎都分布在广汉期二级阶地上。这是1959年，我划分命名的一个地层。这里不仅由于土质肥沃、地势平坦，有耕种之利，还能防备洪水这个大敌。

20世纪80年代，我曾经提示著名考古学家童恩正，密切注意包括成都西郊摸底河附近，以及其他一些地点，这里极有可能发现史前遗址。后来发现的金沙遗址，就是处在这样的地貌部位上。

四、沙漠及其他干旱地区

干旱地区原始遗址，主要分布在绿洲地带。其中以河流出山处的冲、洪积扇顶点和边缘最理想，新疆所见的许多遗址可以作为例子。

小知识

北极熊的"住宅"学问

1987年，我在北极圈附近的哈得孙湾考察，有机会拜访北极熊的家。当然啰，那是经过仔细观察，确定熊不在家的时候去的。要不，现在就不能在这儿和大家说话了。法律上有私闯民宅罪，可没有私闯熊窝罪，所以我并不犯法。

一般来说，北极熊都选择在朝南背风的巨厚雪坎下面挖掘自己的居室。这不仅可以避开凛冽寒风吹袭，也可更好获得北极地区难得的一点儿温暖阳光。仅仅从这一点就可以看出，北极熊也善于根据自然环境选择筑穴位置，绝对不是随便乱找住处。一句话，它们也喜欢朝南的房间。

在加拿大北方，北极熊洞穴一般有"一套一""一套二"两种户型，结构非常科学。

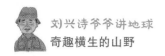
　　根据观察和收集的资料可见，无论什么户型，洞口都很小，向内有一条笔直低矮的甬道，长约 2 米，仅能匍匐爬行进入，好像是我们的居室门廊。这样的低矮洞口和甬道，无疑都具有防风防寒的作用。不消说，也具有防范外敌侵入的功能。

　　到达甬道终点后，"一套二"居室立即呈现 90 度直角转弯，分别进入两侧的储藏室和卧室。储藏室一般较小，全封闭，不通风。室内温度较低，用以储藏海豹肉等食物，作为过冬之用。卧室比较宽大，成年北极熊完全可以在室内转身活动。想不到一些北极熊的卧室，还有一个笔直向上通往外面的通风口，空气相对流通，没有闷沉闭气的感觉。一般来说，母熊就在这样的洞穴内生育，度过漫长的北极寒冬，直到第二年温暖季节来临，才携带孩子出外活动。

北极熊

第十二章
话说洞穴

人说，虚怀若谷。我说，虚怀也若山。

前一句话是公认的，岂不还有"空谷幽兰"的说法吗？

好一个"空"字，活脱脱表现出谷之"虚"。因"空"方能成就"幽"，给予号称君子之兰以居处，别处难以达到同一标准，所以兰草在这儿生长，隐士也住在这里。远离喧嚷的红尘，别有一方净土在人间。

谷是什么？就是山间的洼地呀。里面除了林木、流水，加上自由自在的鸟和兽，其他统统是空气。与两旁的山丘实体相比，当然是"虚"的。《道德经》说"旷兮其若谷"，将"谷"和"旷"相提并论。这"虚怀若谷"的事实是不可动摇了。

那"虚怀若山"呢？山是石头构成的，托在手里沉甸甸的，斧头、锯子也弄不开。世间还有什么比石头更加实在？难道实实在在的石头也会是空的，和弥漫着风和云雾的山谷一个样？

当然不是的。一个实，一个虚，怎么可能扯在一起？

不！不！不！那当然不是一回事。

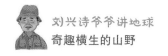

可是……

世界上许多事情，就在"可是"两个字后面出了新文章。

山实在吗？那不见得。要知道，虚中有实，实中也有虚，早有古时先哲论证过。石头硬吗？也不见得。石头并非铁板一块，孙悟空从石头里蹦出来固然是神话，但有的石头里藏着气孔、结核之类的东西，也是不容否认的事实。一句话，坚硬如石头，也不免有缝隙。其实，世间哪有什么绝对坚固的物体。

对石头而言，且不说电子显微镜下可见的无数细微孔隙，在岩层之间也存在着许许多多肉眼可见的孔洞和裂缝。用地质科学的术语来说，最显著的就是层面、层间的裂隙和节理，经过进一步风化逐渐扩大，就可以成为地下水的通道了。

《孙子·虚实篇》说："夫兵形象水。水之形，避高而趋下；兵之形，避实而击虚。水因地而制流，兵因敌而制胜。故兵无常势，水无常形。"

这里说的虽然是用兵，其实也涉及了流水规律。石头有了缝，就是无孔不入的水流的通道。无论地表水、地下水，只要有可以穿行的缝隙，统统能顺利通过了。

水流必有侵蚀作用。倘若是石灰岩，再加特殊的溶蚀作用，岂不是就能加倍扩大裂隙，生成大大小小的溶洞了吗？在石灰岩地区，往往一座山里就隐藏着层层叠叠的洞穴，成为名副其实的"空山"。所以我说"虚怀若山"，并不是离奇的神话。

郭沫若在一首描述桂林山水的诗中说：

桂林山水甲天下，
天下山水甲桂林。

请看无山不有洞，

可知山水贵虚心。

请注意，其中特别在"无山不有洞"这句话中，清清楚楚指出了石灰岩山丘几乎全身都布满了窟窿眼儿，活像是一个个巨大的多孔太湖石。这一点，我有亲身感受。想当年在广西考察，带领一个洞穴分队，整天围着一座座山，上上下下钻洞。紧紧张张钻了一天，也别想钻遍一两个小山。面前一大片无边无际的山野，需要辛苦多少天哪？

呵呵，弯弯绕说了一大通，我说的"虚怀若山"，就是拥有无数洞穴的石灰岩山丘。原始人、后世的假隐士，许多都选择这样的天然洞穴。前者躲避风雪猛兽；后者故作清高弄玄虚，看中这条终南捷径，等待"明主"下顾，就能青云直上了。

话说到这里，大家就明白了。溶洞是什么？就是经过地下水溶蚀作用，所生成的石灰岩洞穴。溶洞这个词儿很妙，一下子就说清楚了，这是地下水溶蚀所生成的洞穴。

仔细再分析，一个地方溶洞的大小、多少，和影响溶蚀作用强弱的好几个因素有关联。

第一个是岩石本身。

岩石的可溶性高，溶蚀作用也高。

什么是可溶性岩石？主要说的就是碳酸盐类的岩石。其中，由碳酸钙组成的纯净石灰岩，可溶性就大大超过由碳酸镁构成的白云岩。虽然都是碳酸盐，但是里面含有的钙、镁成分不同，加上含量不同，结果也大不一样。

岩石透水性强，溶蚀作用也强。裂隙又多又大的可溶性岩石，

南方喀斯特代表性溶洞——重庆丰都雪玉洞

自然比裂隙又少又窄的溶蚀作用更加强烈，也能够生成规模更加宏伟的洞穴。

第二是水的溶蚀能力。

水流中的游离二氧化碳丰富，可以和碳酸盐类岩石起作用，溶蚀能力当然强。水的流动性强，能够不断补充新鲜的侵蚀性二氧化碳，也能促进溶蚀作用不断进行，当然更加有利于溶洞的生成。

除了岩石和水的因素，一个地方的岩溶发育程度也取决于当地的气候环境。温湿多雨的热带、亚热带，岩溶发育当然比干旱的沙漠、寒冷的寒带有利得多。这就是广西、贵州、云南的石灰岩洞穴比西北、华北、东北的发育强烈得多，巨大的溶洞也多得多的根本原因。

顺着这个话题再说下去，还有许多东西可说呢。

先说岩溶和溶洞的这个"溶"字吧。猛一听，就会产生一个错觉，认为所有的石灰岩洞穴都是溶蚀作用生成的。

那才不见得呢！

溶蚀作用固然很重要，可是一个巨大的洞穴单纯依靠地下水的溶蚀，得要多长时间哪？

其实，地下水溶蚀作用仅仅是一个方面。当地下水沿着裂隙进行溶蚀作用，扩大了裂隙后，就会使洞顶一块块岩石失去支撑，接二连三地崩落下来。想一想，这样崩塌生成的空间，是不是比仅仅依靠千万年慢慢溶蚀逐渐扩大的裂缝大多少倍，也迅速得多？

有人会问：洞顶岩石垮塌下来，堵塞了下面，只不过是物体转移位置而已，空间岂不还是一样的吗？

不，上面的岩石垮塌，必定会破裂为无数碎块，并逐渐被地下水流冲带出去，地下的洞穴空间就逐渐扩大了。

噢，明白了。地质作用非常复杂，可以相互影响。溶洞的生成并非都是单一的地下水溶蚀作用，还和别的许多因素有关系。

最后一个问题：为什么在一座山里，常常有一层层溶洞，好像是藏在地下的"摩天大厦"一样？

这是一次次地壳抬升的产物。每一层溶洞，都相当于一个地质时期的地下水水平循环带，也就是当时暗河水流的位置。随着地壳抬升，地下水水平循环带位置不断下降，就形成一层层地下"摩天大厦"般的溶洞了。数一数有几层溶洞，就知道地壳抬升了多少次。

山是实体，得到人们敬仰。虚怀若山，更加让人尊敬。

实实在在的山，当然很了不起。有许许多多洞穴的山，岂不更加神秘？

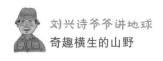

冷洞和热洞

溶洞里是冷还是热？

这个问题似乎太简单，还需要多说吗？大多数人都认为洞里比较冷。

是呀，山洞里阴森森的，不受阳光照射，自然比洞外凉爽得多。倘若你在炎热的夏天钻进洞里，洞里就好像装着天然空调，在里面避暑真好哇！

可是凉爽和冷是两码事。有的山洞好像是一个大冰箱，如果冒失钻进去，会冷得发抖呢。

匈牙利的多布绍山洞就是这样的。洞里的冰雪覆盖了 7100 多平方米的地面，冰山总体积达到 12 万立方米。奥地利萨尔茨堡附近的一个洞里，冰雪覆盖面积更大，厚厚的冰层在洞廊里铺了 2000 多米长。这样的山洞叫作冰洞。

冰洞里的风光非常奇特。这里不仅有常见的石钟乳和石笋，还有透明的冰筋和冰塔，装饰成光怪陆离的水晶宫，比别的山洞好看得多。在有的冰雪封冻的巨大洞厅里，人们还开展过地下溜冰活动。

为什么世界上会有冰洞？人们仔细研究后，查明了它的形成原因。

首先，它们的位置都比较高。高高的山上本来就很寒冷，这给它们造成了洞内结冰的先决条件。

其次，这些山洞很像下垂的布袋，常常只有一个朝上的洞口。洞外山坡上冷空气的比重比较大，滚到洞里就会沉到洞底，不容易再流出来，也是造成洞内结冰的重要因素。

山洞里都很冷吗？

那倒不一定，有些山洞里热得像蒸笼似的，几乎叫人受不了。

为什么有的山洞很热？

因为它们分布在炎热的地方，海拔很低；洞形常常像是一个飞起的大气球，只有下面一个洞口，比重小的热空气灌进来越积越多，加上通风不畅很闷气，就造成这种特殊的热洞了。

山西宁武县万年冰洞内景

你知道吗？

奇异的风洞

河南汝州市有一座风穴山，传说这儿的一个岩洞里，常常传出呜呜的风声。人们觉得非常奇怪，猜想其中必定隐藏着神灵，就在旁边修建了一座风穴寺。风穴寺历史非常悠久，是一个著名寺庙。

四川兴文石林附近的神风洞和汝州的凤穴山非常相似。人们走到洞内深处，可以听见呼呼响的风声。顺着风声走去，便有一股不知从

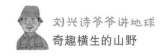
什么地方吹来的风迎面扑来。这个地下深处，使人有置身在旷野的感觉。

贵州石阡县的风神洞，走进去不远，就有一股凉风吹来。

湖南常德市风门山的山洞里，也时常有一股风吹出来。

风洞是怎么产生的？这和洞穴构造密切相关。

石灰岩洞穴的结构非常复杂。有的洞穴除了内部有密如蛛网、层层叠叠的主洞、支洞外，还有许多大大小小的洞口、缝隙和外界相通。洞内深处本来就没有通畅的空气流动，如果洞外的风穿过一些管道吹进来，就可以形成特殊的"地下风"了。

自然界中除了真正的风洞，还有假风洞。

《水经注》中描写湖北长阳县的风山，"夏则风出，冬则风入，春秋分则静"，只不过是洞内外温差所产生的感觉，和前面列举的真正的风洞是两回事。

河南汝州风穴寺

第十三章
永不凋谢的岩石花朵

鲜花是美丽的，可是总有凋谢的一天。

请问，世界上有永远不会凋谢的花朵吗？

有的！那就是溶洞里面的"钟乳石花"。

不管是谁，第一次走进石灰岩溶洞，都会情不自禁地发出感叹：哎呀！这岂不就是传说中的童话世界吗？

瞧！幽暗的光线下，映出无数隐藏在深处的怪影，只有充满幻想的童话天地，才会有这样离奇的景象。

面对眼花缭乱的"钟乳石花"，好奇的游客还会提问：这是怎么生成的？

说来非常简单，这就是地下水在溶蚀作用中所生成的碳酸钙沉淀哪！这是含碳酸钙的水流，从洞顶的岩石裂缝里渗流出来，水分蒸发后，留下的碳酸钙沉淀，一丁点儿、一丁点儿积累起来的。

不信，请你仔细观察。石钟乳的尖儿上，还常常有一些半透明的水滴缓慢向下移动，那就是其自身增长的过程。水滴啪嗒一下落下来，正好落在一个石笋尖上，就增加它的高度了。大自然

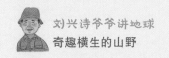
变化的过程就在我们身边不声不响地进行，就看你是不是能够发现它了。

根据它们的位置不同，可以分为石钟乳、石笋、石柱三大类。

吊挂在洞顶的是石钟乳，竖立在地下的是石笋，将二者上下连接起来，就是神奇的雕花石柱了。石钟乳吊挂在洞顶，有的像一串串石葡萄，有的像仙人的手指，还有的像一盏盏华丽的吊灯，形状各不相同。

它们的生成过程和含碳酸钙的水流的特殊性质有关系。水滴的浓度比较大，吸附力比较强，从洞顶石缝里面沁出来的时候，并不会立刻下落，常常沿着凹凸不平的岩石表面慢慢流动一段距离，才会从上面落下来。

重庆武隆芙蓉洞的石瀑、石幕和石笋

因为每次滴落的位置不一样，所以在洞顶留下来的沉淀，往往不在一个固定的位置。于是就可以从不同的角度修饰、生成各种各样的石钟乳了。

有时候，洞顶的水珠沿着一条张开的石缝不停地往下沁流，就能顺着石缝伸展的方向，生成一排排长短不一的石钟乳带。

含带着浓浓的碳酸钙滴落下来的水珠，落在地面上逐渐积累，越长越高，就生成为特殊的石笋了。

如果碳酸钙不断堆积，上面的石钟乳和下面的石笋越长越大、越长越高，上下连接在一起，就成为一根根周身镂满花纹、顶天立地的高大石柱。

再一看，几乎所有的石钟乳、石笋、石柱都排列成一条条直线，有的紧紧挨靠连成一片，生成了特殊的钟乳石帘幕。

生成钟乳石帘幕的地方就是岩体内部的裂隙方向。洞顶裂隙里渗透出来的含碳酸钙的水滴，慢慢沉淀，形成了一条条沿着裂隙分布的石钟乳带，这也就泄露了岩体本身的秘密。

石钟乳、石笋和石柱表面，都装饰着层层叠叠的钟乳石花，显得非常神奇和美丽。这样的钟乳石花不惧冬雪秋风，千万年陈列在幽暗的地下洞府里，永远不会凋谢零落。世界上的百花，谁也不能和它们相比！

碳酸钙是灰白色，钟乳石花是不是也一样，没有一丁点儿变化？

不，由于水滴内含有不同的杂质，洞穴里的钟乳石花也会有一些变化呢。有的像水仙花和玉兰花一样雪白，也有菊花一样的黄色、月季花一样的粉红色、紫罗兰一样的浅蓝色，丝毫不比人间的花卉逊色。

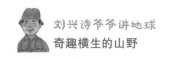
信不信由你，有时滴落在洞底的水滴，还能沁出碳酸钙，生成一颗颗特殊的洞珠。人们无意中闯进去，没准儿还会以为走进了阿里巴巴的宝库呢！

敲开这些石钟乳、石笋、石柱和石珠，你会发现它们都有一圈圈的同心圆花纹。这是它们特殊的年轮，是碳酸钙一次次沉淀生成的结果。不消说，通过这些特殊的年轮，就能大致知道它们的年龄了。

● 小知识

洞珠

有的溶洞里，隐藏着奇异的洞珠，简直像是阿里巴巴的山洞。人们举起火炬进洞一看，会惊奇得瞪大眼睛。只见洞内遍地铺满了亮闪闪的珠子，活像是大大小小的珍珠，有的像雪一样白，像冰晶一样闪亮。有趣的是，这些珠子表面并不都是光滑的，其中一些长满了尖刺一样的细针，好像是一颗颗特殊的毛栗子，比平凡的珍珠造型更加美妙迷人。

这是真正的珍珠吗？

如果谁财迷心窍，欢欢喜喜装满一大袋带出来，抓一把在金灿灿的阳光下一看，准会气得傻了眼。

这不是珍珠，都是一些不值钱的土疙瘩。迷信的人们会说："这是山神爷的宝库，准是施了魔法不能带出洞，见了阳光就变成泥土，谁也别想将它偷走。"

科学家说："这些珠子是碳酸钙和泥土生成的洞珠。含碳酸钙的水滴从洞顶滴落下来，和泥土混合在一起，就慢慢形成这种奇异的珠子了。掰开它一看，里面一层层的，都是碳酸钙沉淀物。"

洞珠有不同的颜色，常见的有乳白色的、黄色的和红色的，用灯光一照，五光十色的，还真的有些像阿里巴巴山洞里的珍宝呢！

歪斜的石钟乳

因为饱含碳酸钙的水滴，沿着重力方向从洞顶滴落下来，所以石钟乳大多数都是垂直的。可是在一些溶洞里，却常常可以瞧见一些歪斜的石钟乳，显得很奇怪。

我在柳州白莲洞就见过这个特殊的现象。管理人员问我，这是怎么一回事，是不是一股风将它吹歪的？

洞穴深处哪有什么风。原来是一些饱含碳酸钙的水滴，浓度实在太大了，从洞顶沁流出来时，并不立刻沿着重力方向往下滴落，而是顺着石钟乳末端，再横向流动一下，才慢慢滴落下来，日积月累就生成似乎和重力作用不相应的歪斜石钟乳了。

地下音乐厅

信不信由你，钟乳石不仅很美丽，而且可以奏出音乐。

古时候，迷信的人们发现敲击钟乳石可以发出响声，相信洞里有鬼神，就塑造几个泥菩萨，恭恭敬敬地给发声的钟乳石披红挂彩，认为这是"钟"和"神鼓"。

这是怎么一回事？原来这些钟乳石里面是空的，因此轻轻一敲就会发出声音了。有人掌握了它们的特性，还敲打出了一首首美妙的音乐呢。

在一些溶洞里，除了"钟乳琴"，还有同样奇妙的"石笙"。

清代的笔记记载，在福建宁化县城的西北角，有一个幽静的庭院，里面有一座用钟乳石堆积成的假山。假山顶上横放着一块石头，上面有一个圆溜溜的小孔，只要对着它使劲一吹，就能发出好听的声音，人们把它叫作"石笙"。

"石笙"和"钟乳琴"一样，都是有空洞的钟乳石，一点儿也不稀奇。

第十四章
地下迷宫

地下洞穴非常复杂，一个个大大小小的洞厅，组成了许许多多地下迷宫。一条条弯来拐去的洞廊，伸向黑暗的深处，不知通往什么地方。面对着这样的地下世界，初次探洞的人不免有些畏惧。

是呀！这些洞廊大小相同，形状相似，猛一看，似乎都是一个样，几乎没法分辨出一丁点儿差别。如果不小心走错了路，钻错一条洞廊，就会越走越远，陷入一团乱麻似的洞穴网络系统里，别想一下子就顺顺当当钻出去了。

万一困在里面出不来，怎么和外面联系？

洞里有什么东西可以填饱肚子？在哪儿安身过夜？

用完了手电筒里的电池，点完了手里的火把，当地下世界里永恒的黑暗突然降临，叫天天不应，叫地地不灵，不敢挪动一步，该怎么办才好？

头上凹凸不平的洞顶，悬挂着无数长长短短的石钟乳，一不小心就会碰得头破血流；脚下张开无数深深浅浅的落水洞，全都是不怀好意的陷阱，一失足便成千古恨，该怎么下脚继续前进？

一连串问题困惑着探洞者，使他们伤透了脑筋。

不，这都不是太大的问题。现在探洞和过去不一样，有非常完善的装备，许多情况都能妥善处理。半个多世纪以前，一般的地质队的装备的确非常原始、落后。即使有比较先进的设备，也不可能配备到每一个队、每一个小组。但是面对以上所说的一些问题，还是有办法解决的。

在探洞问题上，我也面临过同样的问题。尽管我曾经有好几百个洞穴考察记录，其中有许多是独自探查，可是我并不是做专门的洞穴探险，工作目的相对比较单纯，危险性也小得多。受具体的任务限定，一般仅仅限于平面调查，掌握基本地质情况就达到目的了。除了极个别重点洞穴外，我很少追入地下深处逐层探查。不是每个洞穴都必须进行纵横剖面测量，并绘制整个洞穴系统图，

贵州织金县织金洞

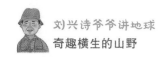

特别是采集洞穴哺乳动物化石标本，追寻原始人类遗迹，全都局限在洞口附近，完全不用深入洞穴深层测量。我所做的工作不敢和专业洞穴探险相比，这一点儿需要认真说明。

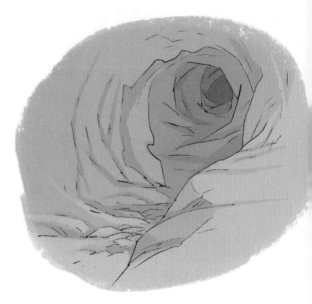

有人会问，一个人进洞害怕吗？

完全没有必要害怕。想一想，越往洞穴深处越没有食物，会有那么傻的野兽和妖魔鬼怪躲在里面，专门等你送上门，吃你的"唐僧肉"吗？如果真有那么傻的妖怪，早就饿死了。你进去正好能捡几根骨头回来做标本呢。

洞里到处潜伏着致命的陷阱，会失足遇险吗？

这没有什么。关键是沉着镇静，保持良好的心理状态。只要处处小心，看清楚再下脚，就没有什么好怕的了。

地下一团漆黑，会迷路吗？

没有亮光比较好办，准备好可靠的照明工具就成了。难道谁还没有走过夜路，没有这一点小小的经验不成？

地下情况复杂，会走不出来吗？

面对一个个未知的洞穴，必须事先了解基本情况，不做不负责任的冒险主义者，不打无准备之仗。

地下洞穴的确千变万化，似乎是只能进、不能出的迷宫。其实一切都有一定的规律，稍微动一下脑筋，就很容易掌握。

要知道，洞廊往往都沿着一条条裂隙伸展，宽阔的洞厅常常就是几条裂隙的交会点，或者是岩性比较纯净的地方。

我的经验是，在进洞前，先在洞外仔细测量岩体的一条条裂隙，也就是岩石节理的各种方向。经过统计分析后，做出一幅"节理玫瑰图"。只要掌握这儿岩体裂隙的规律，不同方向的裂隙伸展和交会规律，进洞前就基本上预先掌握了所有洞廊的分布规律，知道不同方向的洞廊怎么伸展，洞厅大致会分布在哪儿。如果再掌握了当地河水面的高度位置，就大致知道这个洞穴最下层的地下暗河的埋藏深度。知道当地河流阶地有几级，以及各级的高程，推测出地壳曾经抬升过几次，也就可以推知地下水平洞穴有几层、各层之间的相对高差了。通过岩层层面倾向、倾角，加上整个岩体的厚度，就连暗河位置也能大致推知。想一想，预先掌握了这些基本情况后，怎么会稀里糊涂在地下迷路呢？

尽管这样，洞穴还有很大的危险性，迷路的概率也存在，我自己就曾在地下迷过路。所以不主张没有经过专业培训、没有得到当地有关部门批准、无组织的爱好者随意冒险进入地下洞穴。

你知道吗？

节理玫瑰图的做法

这很简单，一说就明白。在洞外选定的范围内，用罗盘把岩壁上所有的裂隙方向都一一测量出来，投影在 360 度的坐标图上，就能显示主要、次要的一组组裂隙方向了。

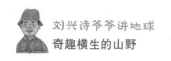

故事会

我的一次失误

地下洞穴考察，必须认真做好一切准备，包括每一个细节。如果一个细节没有考虑到，就有可能发生意外。

记不清是20世纪70年代末，还是80年代初的一天了，我带领一支队伍，进入广西都安县一个小山村。背包还没有放好，当地一个民兵队长就兴冲冲地跑来，问我看不看一个神秘的大洞。我立时答应了，抓起两个手电筒，带着一名助手就跟他去了。

走到半路遇着一位耕地的老人，他说，这个洞不能进，十人进去九人迷。我想，十个人还有一个不会迷嘛，我就是不会迷路的那一个。何况还有这位民兵队长陪伴，怕什么？于是谢绝了他的好意。

走哇走，我们又遇见一个放牛的孩子，他说什么也要跟我们一起走。实在没有办法，只好让他跟着一起去。

我心里明白，这必定是一个迷宫型的大洞，我一定要见识一下它的风采。进洞后就随口吩咐助手，沿途在转弯处画箭头，做好迷路的准备，就放心带领大家一直往前闯了。

这的确是一个巨大的地下迷宫。一个洞厅沟通一个洞厅，一条洞廊接着一条洞廊，结构复杂极了。站在一个圆弧形的洞厅里朝周围一看，四面八方都是分岔的洞廊，不知道伸展到地下深处什么地方。

我们看够了，准备转身出去，忽然发现转来转去，又回到老地方。糟糕！遇着"鬼打墙"了。野外探险最害怕遇着这种情况，弄不好会带来难以想象的危险。

这是怎么一回事？明明画了指路的箭头，怎么会发生这种怪事？莫不是真的遇着"鬼打墙"，有什么看不见的妖精在给我们捣乱？

我再仔细一看，看出问题了。原来做记号的那个小伙子一时疏忽，犯了一个低级错误。他只画箭头不编号，分不清先后次序，怎么知道该往哪里走？当时根本就没有手机。由于处在地下深处，即使像今天一样有手机，也没有信号，没法向外面呼救。

　　坏了！这真是阴沟里翻船，怎么会出这样的事故。

　　不过还有希望。我转身问那个民兵队长，想不到他也紧张起来，这才说了实话。他对我说："这个洞，我也没有来过，是仗着你们地质队的胆子才进来的。"

　　噢，想不到是这么一回事。我沉吟一下对大家讲："我们出来没有打招呼。除了路上遇见的那个老人，谁也不知道我们到哪儿去了。大家不要急，我们自己想办法吧。"

　　眼前这个情况，不知道什么时候才能钻出去，必须节约用电才好。现有的两个手电筒关上一个作为后备，只用我手中的这个照明，慢慢找路出去。

　　想不到正在这个节骨眼儿上，年轻助手一不小心，手里的手电筒一下子滑落，叽里咕噜滚进一个落水洞。只剩下我手里唯一的一个手电筒了，为了省电就开一下、关一下，尽可能延长使用时间。

　　唉，我们的运气真不好！不料这样一开一关，手电筒的灯泡一下子坏了。大家完全陷入了一团漆黑之中，更加着急起来。

　　怎么办？这时候最重要的是保持镇静。我想了一下，命令大家重整队形。我走在最前面，助手在我后面，紧紧抱住我的腰，民兵队长在最后，把那个孩子夹在中间。我们细细回忆了刚才的经历，似乎在哪儿曾经见过一点儿天光。进洞还不算太深，只是在一个平面里乱转。大家通过回忆，计算准一个方向。我就伸手扶着洞壁，身子往后倾斜，伸出脚尖慢慢探路。倘若有什么不对劲，后面的人就一把抓住我。大

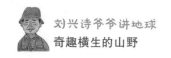

家就像拔萝卜一样，把重心放在后面，慢慢移动着步子，像蜗牛爬行一样往前移。脑袋不知撞了多少次，也顾不上这么多了。

坏运气过去了，好运气终于来了。忽然一转弯，瞧见一线亮光，来到一个有天窗的地方。好在不算太高，用得上那个放牛娃了，我们搭着人梯把他送了出去。他出去后，我们停留在原地不动。往后的事情还需要多说吗？外面的救援很快到来，终于把我们引领出来。回到队部，我狠狠训了管理后勤的姑娘一顿。节约也不能这样节约哇！从今以后，每个手电筒必须配后备灯泡，再用带子前后固定好，斜挎在胸前。这次事故主要是我的责任，我自己也做了自我批评，再也不能这样马大哈般无组织、无纪律地随便活动了。

这样在地下失去照明的事故，我在川东地区还遇着一次。好在进入洞穴不深，是从后面撕掉野外记录本上的一页页纸，点燃后照明才脱险的。为什么从后面撕纸？因为后面大多是空白页。地下一团漆黑，怎么分清前后？因为前后翻开的次数不一样，野外记录的时候，环境不好容易损坏纸边，凭着手感也能大致分辨出来。

一句话，进洞工作必须百倍小心，一点儿也不能马虎。好在现在装备先进，不会再发生这样的事故了。

第十五章
冰雪金字塔

　　珠穆朗玛峰——世界屋脊的巅尖，高高地、威风凛凛地耸峙在大地和天空连接的云霄之间，俯瞰着脚下的世界，不由得使人肃然起敬。

　　你看它，那么高，盖压住周围的群山，大地上所有的山峰都俯伏在下面，它好像是山的王国中的领军统帅，无限威风，无限庄严。

　　你看它，峰顶那么尖锐，活像一顶将军盔，更加增添了其雄伟的气势，使人无限崇敬，只能仰望，无法平视。因为它是世界之巅，只有它才能和北极、南极相提并论，是最高最高的"世界第三极"。

　　你看它，周身银光闪亮，活像是一座冰雪金字塔。这是天生的金字塔，这是永不朽坏的金字塔。人间的金字塔，怎么能够和它相比？

　　再一看，它又像是锋利的牛角，所以地质学家把它叫作角峰。

　　人们仰望珠穆朗玛峰，心中无限疑惑，不由得发出几个问题。

　　珠穆朗玛峰啊，珠穆朗玛峰，为什么你这样高，超过了一切

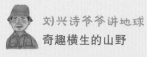

珠穆朗玛峰

群山，超过了白云和飞鸟？

地质学家说，这是板块活动造成的。因为南方的印度板块不断向北漂移，挤压北方的西藏板块。强烈的挤压使古地中海消失，褶皱隆起了雄伟的喜马拉雅山脉。巍峨的珠穆朗玛峰，就是在这一幕惊天动地的褶皱挤压中生成的。随着板块挤压不停进行，它还会不断上升，打破现在的最高纪录。

珠穆朗玛峰啊，珠穆朗玛峰，为什么你那么挺拔锋锐，像是一座金字塔？

地质学家说，这是特殊的寒冻风化的结果。

在冰雪皑皑的高山上，频繁的冰冻、解冻作用会使坚硬的岩石崩裂破坏，劈裂出一条条大大小小的裂缝。寒冷的冬天，裂缝里结了冰，会把它胀裂得更开，最后完全破碎分裂，一块块坠落下来。

这样年复一年地过去，冰峰周围的岩壁不断崩坍，变得非常陡峭，最后只留下高高的山尖，一座金字塔形的角峰就这样形成了。

这就是世界之巅珠穆朗玛峰的生成史。

当然啰，角峰是一种常见的冰川地貌类型，世界上还有许许多多同样的角峰。著名的"冰山之父"慕士塔格峰、天山山脉的主峰博格达峰，以及我最熟悉的青藏高原东部的贡嘎山、四姑娘山等，还有欧洲的冰雪脊梁阿尔卑斯山中的勃朗峰、玫瑰峰，都是角峰的代表。

雪线

雪线是永久积雪带的下界线。杜甫诗中所说的"窗含西岭千秋雪"，那个"千秋雪"就是雪线以上的积雪。陈毅《昆仑山颂》的诗中，有一句"目极雪线连天际"，就更加明确直接地提到了雪线这个名词。

雪线以下气温比较高，全年冰雪的补给量小于消融量，不能积累多年不融化的冰雪，只能季节性积雪。

雪线高度一般随纬度的增高而降低。在赤道附近，雪线大约高 5000 米；两极地区的雪线就是地平线。

雪线高低和山坡方向、地形陡缓也有关系。不消说，接受太阳热量比较多的南坡、西坡，雪线就高些；接受太阳热量比较少的北坡、东坡，雪线就低些；陡坡不能积雪，雪线也高些。

现在看我国境内高山的雪线高度吧。珠穆朗玛峰北坡大致是6000 米、南坡 5500 米左右，所以从北坡攀登珠穆朗玛峰会困难得多；天山北坡大致是 4200 米、南坡 5900 米；祁连山北坡大致是 5000 米、南坡 4600 米左右。

雪线高低也和降水量多少有关系。在来自中国东部季风的影响下，祁连山东段雪线最低可以到达 4200 米，西段就上升到5000 米左右。

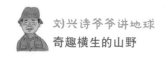

故事会

我的一次攀登雪线的回忆

　　唉，提起雪线高度，我有一些难忘的回忆，记忆最深的是攀登四川西部一座无名雪山。这座雪山雪线高度虽然只有4200米，可是地形十分陡峭，特别不容易攀登。这里人迹罕至，不要说居民点，就连一间荒废的小屋子也找不到。我们只好以深山幽谷中的一个麻风病院为基地，在准备登山期间，天天与和善的病员、可敬的医护人员打交道。在他们的支持下，我们背着沉重的地质背包从山脚起步，中间不能停留，一鼓作气登上雪线。在这里，所感受到的是大自然的严峻和人间的温暖，使人永远不能忘记。

　　请允许我在这里说一句感谢的话，表示对他们的敬意；也说一句题外的话，不要对他们产生不必要的误解。只有在这个麻风病院生活期间，我才深深了解到，麻风病只是自己有敞露的伤口，以及口腔、鼻腔等开放性管道，直接接触到病菌才会传染。麻风病员需要关怀，不能嫌弃。事实上，麻风病员都很自觉，见面总是微笑挥手问好，不握手、不拥抱以免传染。医护人员说："你看我们的光屁股孩子也在地上爬来爬去，有什么害怕的？"这句话使我茅塞顿开，也对这样默默无闻的医护人员产生无限敬意。他们不贪恋大城市，不追求名利，心甘情愿走下基层，真不容易呀！我写过一篇童话叫《飞的花》，就是在北方一个荒僻山村，看见一位可敬的乡村教师，被他的故事深深打动而创作出来的。

　　朋友们，走进山野吧！走进人民群众的海洋吧！那里有说不完的感人故事，数不清的平凡而值得尊敬的人。我们应该尊敬这些平凡的人。我甘愿低头做那些穷乡僻壤凡人的"粉丝"，他们才是真正闪光的星星。

你呢?

孩子们,让我们牢牢记住老祖宗留下的"吾土吾民"这句话,真心实意爱着我们的"土"、我们的"民"吧!

麻风病院是一个特殊的例子。在我们的身边,还有许许多多值得尊敬的普通人。记住他们!爱他们!

冰斗

在角峰下面,常常可以看见一些积雪的洼地,这就是分布在冰峰下面的冰斗。这里的地形原本就低洼,位于雪线以上,积满了冰雪,被强烈的冰蚀作用掘蚀得越来越深。冰川消退后,雪线退到更高的位置,这儿就成了一个个天然积水洼地,形成了风光美丽的高山湖,叫作冰斗湖。

在冰期时代,不同时期的气候寒冷程度不一样,所以雪线位置高低也有差别。代表同时期雪线位置的冰斗,都排列在同样的高度。只消数一下有几层冰斗,就能知道冰期气候曾经演变过多少次,永久积雪线曾经扩展到什么地方。

四川仙乃日雪山环型冰斗下斜地貌

第十六章
天然冰雕博览会

银色的冰川上，最美丽动人的景观是什么？

是冰塔林！

一条条巨大的冰川从高高的雪山上伸展出来，流到山下很远的地方，常常会在冰面上出现一片神秘的冰塔林。

你看，洁白的冰面上排列着许多奇特的天然雕塑：有的非常粗壮，像是蹲伏在冰上的怪兽；有的十分窈窕纤细，仿佛是迎着风霜挺立的冰雪女神；有的头上顶着一块大石头，像是一个冰蘑菇；有的又像是奇形怪状的残垣断壁或宝塔……这些天然雕塑形态各异、栩栩如生，不知迷住了多少人，难怪人们把它叫作冰塔林。

这些透明的天然冰雕构思巧妙、形象逼真。

这到底是怎么回事？

是谁特意在这儿精心雕刻，布置了这个神秘山谷里的冰雕博览会？

不，它们的创造者不是有灵性的雕刻家，而是天空中那个火炭团——红彤彤、暖烘烘的太阳。

长江源头青海各拉丹冬
雪峰下的冰塔林

当冰川从寒冷的高处流到低处的时候，可以得到太阳的热量，冰雕制作就开始了。

高高挂在空中的太阳是最了不起的艺术家。它不用雕刀画笔，只伸出发烫的隐形手指，轻轻抚摸一下冰面，冰就慢慢融化了。这样冰面渐渐变得凹凸不平，生成了许许多多奇特的冰塔。

人们有些疑惑了。

公正无私的太阳，总是把它的热力和慈爱十分公平地分赐给每个生灵，以及没有生命的受惠者，怎么会使冰川表面受热不均匀，生成高高低低的冰塔林呢？

说来道理很简单，固体的冰川和河流不一样。它缓慢移动的时候，会被挤压得非常破碎，在冰面上留下许多纵横交错的裂缝。有裂缝分布的地方，很容易受热融化，成为一道道低凹的所在；没有裂缝的部位就相对突出，成为冰塔的基础了。

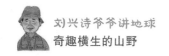

在冰层里还夹藏着许多石块和泥沙，它们受热的程度不同，也造成了各种各样的形状。有的地方，冰上有一些大石块，抵挡住头顶的阳光，保护着下面的冰块不容易融化。当周围的冰面融化后，这儿就生成了许多有趣的"冰桌子"和"冰蘑菇"了。

千姿百态的冰塔林原来是这样生成的。我们为万能的太阳鼓掌，想不到它还是一位高明的雕塑师呢！

故事会

白色的死神

冰雪覆盖的阿尔卑斯山是欧洲的巅峰。第一次世界大战期间，在这儿发生了一件可怕的悲剧。

为了防备敌人，有一支奥匈帝国和意大利联军，驻守在一个积雪的隘口。他们警惕地盯着上山的大路，却没有留意潜伏在身边的危险。

不知道什么原因，突然发生了一次巨大的雪崩。成千上万吨冰雪像白色炸弹似的，劈头盖脸地压了下来，猝不及防的士兵们还没有转过神儿，就被活活掩埋在冰雪里了。事后清点人数，发现因这次雪崩牺牲了好几千名官兵，比一场战役的损失还要惨重。

阿尔卑斯山的雪崩，把人们吓破了胆。

不仅雪崩本身能够造成灾难，它的气浪也是可怕的杀手。

当雪崩发生的时候，整座雪崖突然崩落会激起巨大的气浪，以势不可当的速度朝前冲去，击倒一切阻挡它的东西。

有时候，作为雪崩前锋的气浪，造成的危害比雪崩本身更大，作用的范围也更加宽阔。雪崩不能到达的地方，它的气浪却可以到达。

有一年，阿尔卑斯山中发生了一次大雪崩，冲到距离一座旅馆大

瑞士阿尔卑斯山

约5米处的地方停住了，其白色的手指连旅馆的墙壁也没有摸着。可赶在前面的气浪却抢先了一步，捏紧看不见的空气拳头，一下子就把整座建筑物击得粉碎，夺走了许多旅客的生命。

在这场可怕的惨剧中，也有少数幸存者。他们都是在气浪冲破墙壁时，背着雪崩的方向坐着的。所有面朝雪崩的人都死了，他们是被迎面冲来的巨大气浪扼住喉咙窒息而死的。

雪崩不仅在阿尔卑斯山发生，所有的积雪山峰上都有它的白色身影，人们已经记不清它带来过多少次伤害。

为什么会发生雪崩呢？

因为山崖上的雪越积越多，多得实在不能承受，或者某种外来因素破坏了它的平衡，大大小小的雪崩就这样发生了。

造成雪崩的原因很多，地震、山中常见的狂风、声波的冲击都是引发雪崩的因素。在雪崖面前不仅不能大声呼喊，甚至连小声说话都不行。这已经成为雪山旅行的基本常识了。

受尽折磨的人们，决心向这个白色的恶魔开战。

它不是最禁不起声波的冲击吗？朝着它先发出巨大的声音，让危险地段的积雪崩塌下来，就可以消除危险了。

阿尔卑斯山中的瑞士，就常常用这种办法清理雪崩。办法非常简

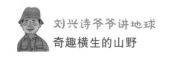

单，朝着雪山的方向打一炮就得了。瑞士的雪山是旅游观光的好地方，不清除雪崩隐患，怎么能够保证游客的安全呢！

人们虽然这样做了，但是有时候还不免有一些疏忽。

有一次，一个军官指挥士兵朝雪崖开炮。他们站得太靠近雪崖了，还没来得及开炮，自己笨拙的动作发出了声音，一下子引发了雪崩。整座雪崖崩落下来，把这些官兵连同大炮一起活埋在雪堆里了。

打炮这个办法很危险，人们又想出了别的好办法，发明了一种雪崩预报仪器，用以测量雪层的厚度和其他情况，预报雪崩发生的时间和地点。雪崩，再也不能作威作福了。

雪崩的故事讲完了吗？

不，说什么阿尔卑斯，说一说我们自己吧。1957 年，中国登山队第一次攀登贡嘎山时就发生了一次惨烈事故。当时这支队伍中，有两个北京大学的研究生：一个是地貌专业的崔之久，后来成为名扬中外的冰川地貌学专家，曾经和我在同一个教研室工作；另一个是气象专业的丁行友。他们都是我的好友。丁行友从前和我在学生会宣传部一起工作，还是我的四川老乡，毕业于南开系统的自贡蜀光中学。我是南开中学毕业的，这使我们又增添了一份感情。想不到一场雪崩把他们的三人绳组掩埋。崔之久首先挣扎着钻了出来，摸着联结在一起的绳索，救出另一个队友。可是丁行友的绳子被冲断，最后发掘出来，已经没有呼吸了。崔之久后来攀登慕士塔格峰，快要登顶的时候，一位女队友忽然昏迷，失去了一只手套。他放弃了登顶的荣誉，毫不迟疑脱下自己的手套给她戴上，扶着她安全撤退下来，自己的右手却因此严重冻伤，不得不切掉了 4 根手指。

亲爱的读者，请允许我在这儿多写了这么一笔，纪念一位已故的老同学，歌颂一位英雄老友。

第十七章
冰川 U 谷

河谷，冰川谷，说起来都是谷。仔细一看，却有些不一样。这就好像亲兄弟俩的性格有时候也大不相同一样。

常言道，水性至柔。那说的是河流。冰川的性格，那就是至刚。一个柔，一个刚，表现出各自的特点。

人道是，山不转水转。山中的河流遇着一个个挡路的山嘴，似乎大气也不敢出一下，好像小媳妇似的，只能低着脑袋委屈地绕过去。所谓"山重水复疑无路，柳暗花明又一村"，就是描述这样的情景。

冰川呢？那就不是这样了。它真像一位威风凛凛的开路先锋，逢山开路，地动山摇，管你什么了不起的障碍物，统统笔直撞过去。它凭着自身的强大力量，好像推土机似的，削平两边挡道的山嘴，开辟自己的通道。按照自己的脾气改造地形，一副百折不挠的坚强作风。

这一来，冰川谷和河谷就不一样了。

冰川谷是自己改造的，河谷是顺应别人的。

四川海螺沟冰川

冰川谷的平面形状是笔直的，河谷总是弯弯曲曲的。

冰川谷的横剖面是 U 形，山间河谷一般是 V 形。

这还不算呢。由于冰川的力量强大，它在前进的时候，常常不管泥土和石块，统统一股脑儿带走，堆积形成特殊的泥砾，就连一些巨大的漂砾，都能够搬运到很远的地方。

为什么冰川有这样巨大的剥蚀和搬运力量？这是因为它本身就是重量级的选手，一切破坏力量都和自身重量分不开。

要知道，冰川是由经过压实的冰川冰形成的。根据实地测定，1 立方米的冰川冰重 900 千克。以阿尔卑斯地区的山谷冰川来说，往往达到 100 米厚，所以对谷底的静压力就达到了每平方米 90 吨的重量。南极大陆的大陆冰川厚度超过 1000 米，远远超过山谷冰川。想一想，那儿的冰川压力有多大，不管什么东西都会被压扁压碎，

阿拉斯加的冰川谷

四川西昌，螺髻山顶的冰川 U 谷

绝对不会被完整保留下来。冰川自己的重量，就是破坏一切的最基本力量。

再说呢，它可不是赤手空拳的。它还夹带着许多锋利的石块，毫不客气地刻划两边的崖壁，留下了许多特殊的擦痕。

U 谷、擦痕、泥砾、漂砾等，成为鉴定古冰川遗迹的重要特征。

话说到这里，必须赶快补充一句：冰川活动固然有这些现象，但是有这些现象的却不一定都是冰川活动。

以 U 谷来说吧。冰川活动可以生成一些特殊的地质构造，例如向斜谷、单斜谷，也能形成同样的 U 谷。过去在庐山被认为最标准的两个 U 谷，其实就是天生 U 形的向斜谷和单斜谷。

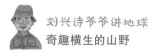

你知道吗?

尾碛垄、侧碛垄、中碛垄

你们都见过推土机吧,它在前进的时候,前面总会堆着许多泥土。冰川也是一样的。它在山谷中缓缓移动时,会铲除一切障碍物,携带着大量泥土石块,往前慢慢推运。最后,这些泥石停顿下来,一股脑儿堆积在冰舌前缘,形成一道弯弯的尾碛垄。尾碛垄又叫终碛堤,平面形态是弧形,横剖面内侧陡、外侧缓,由杂乱无章的冰碛泥砾构成。

山谷中一道道尾碛垄,是古冰川一次次前进、停顿或后退的证据。如果每一道尾碛垄都是完整无缺的,表示古冰川不断后退。数一数有几道尾碛垄,就知道古冰川曾经几次后退了。如果只有最前面的尾碛垄完整,后面的都被切开破坏了,就证明古冰川一次次前进。我在哈萨克斯坦共和国的阿拉木图附近山中考察,所见到的几道残缺不全的尾碛垄,见证了好几次冰川前进的过程。

话说回来,大自然里的情况非常复杂,也有鱼目混珠的例子。一些山洪堆积被后来的溪流改造后,生成了假尾碛垄。这必须结合周边情况以及堆积物综合分析,千万不要认错了。

冰碛泥砾不仅能生成尾碛垄,还能在冰川两侧生成侧碛垄。这儿是冰川和崖壁接触的地方。由于不断强烈摩擦,冰川冰容易破碎,会在这里生成两条冰水沟。

此外,在两条冰川会合处,中间还能生成一种中碛垄。

第十八章
醉汉林和石玫瑰

　　我在加拿大北方的荒原上野外考察，见识了许多奇观，写在这里给大家看看。

　　第一幅图景，一座座歪歪倒倒的树林。

　　林子里的树木好像喝醉了似的，一棵棵东倒西歪，好像站不稳脚跟，立刻就要倒下来。

　　这里距离北极圈不远。这样的林子可不少，特别在斜坡上更多。

　　哈哈，世界上只有醉汉，难道还有"醉树"不成？

加拿大尼尔逊河边的滑坡和醉汉林

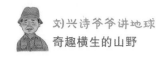

当然啰，树木不会喝酒，怎么可能有什么"醉树"！如果真有酗酒的树，岂不变成妖精了。

南宋词人辛弃疾喝醉了，《西江月·遣兴》的词中也说：

> 昨夜松边醉倒，问松我醉何如。只疑松动要来扶，以手推松日"去"！

瞧吧，这位词人也是酒醉心明白，知道只是自己醉了，松树是不会醉的，还要来扶他一把。可比整日沉醉在酒杯中的"诗仙"李白清醒些，没有"举杯邀明月，对影成三人"。李白把天上的月亮、身后的影子也当成真正的生灵了。

地质学家可不管树能不能"醉"这一套，干脆就给它取一个名字叫"醉汉林"。

云南德钦县白马雪山冻土地貌

好一个醉汉林，一个"醉"字，就把它的形象描绘得一清二楚。

咦，这是怎么一回事？

原来这是冻土地带季节性结冻、解冻的作用造成的。北极圈附近的冻土很厚，一般仅仅是表层解冻，下面还是坚硬的冻土。融冻的水流不能向下渗透，就使表土变成一团泥浆。树根没法固定住，树身当然就站不稳。如果再加上地形有些倾斜，非常容易发生滑坡，带动着树林一起往下慢慢移动。这时候的林子不成歪歪倒倒的醉汉林，那才奇怪呢。

其实醉汉林也不仅仅发生在这儿。其他地方发生滑坡，连同坡上的小树林一起滑下来，也可以造成同样的醉汉林，只不过没有这里普遍罢了。我见识了不同的醉汉林，根据它们的成因不同，将其进行分类：那种滑坡生成的就叫作"动力醉汉林"，前面那种融冻生成的叫作"热力醉汉林"。这是传统地貌学没有的术语，列入课堂讲稿，曾对学生讲述，现在也对读者说一下，不知道大家是不是同意？

信不信由你，这里还有另一幅奇观，使我大开眼界。只见原野上矗立着一排排"三只脚"的电线杆，在凛冽寒风和漫天雪花中，从一个天边伸展到另一个天边，形成一种奇观。

电线杆都是一只脚，怎么会有三只脚？难道也和"三脚猫"一样，真有这么一回事吗？

不，这也是为了防备冻土解冻影响而采取的措施。一只脚站不稳，就设计出这种特殊的三脚电线杆。想一想，岂不和"热力醉汉林"的原理是一样的吗？

冻土区的另一个奇观是石玫瑰。

当然啰，这不是真正的玫瑰。

爱尔兰特鲁斯克摩尔东南的石玫瑰

这是无数大大小小的石头在地面排列成一个个圈子。大的有一两平方米，小的只有几十平方厘米，密密麻麻一大片，好像是一张特殊的"地毯"，不仔细看，还真的以为是遍地开放的石头玫瑰呢。

啊，遥远北国的石玫瑰花园，除了不知艰辛的地质学家，谁会不远万里到这儿来，一睹你的芳容？

哦，石玫瑰呀石玫瑰，多么紧紧地牵系着我的心。

哦，石玫瑰呀石玫瑰，你是怎么生成的？

说来道理简单，这也是特殊的极地热力作用的产物，属于冻土地貌的一种。它的产生有一个非常复杂的向上抬举又水平滑移的过程。许许多多原本在地下的岩块，好像先乘着电梯垂直上升到地面，又顺着滑梯向周围滑了出去似的。

请让我仔细说一下吧。

在冰冻、解冻作用频繁的寒冷地带，岩石很容易破裂，生成许多碎块。冬天石块之间的缝隙里的水冻结，使石块抬高。夏天地下冰块逐渐融化，一些细小的泥沙填补进来。随着冬夏季节变换，地下的岩块缓慢抬升起来，直到露出地面。

冻土地区的地面总是起伏不平的。这些岩块一旦抬升上来，很容易在解冻季节再随着泥浆缓缓向四周滑移，聚集在一个个微微拱起的地面的周围，这样一幅幅奇异的石玫瑰画面就形成了。

这儿顺便说一下，石玫瑰并不是极地世界特有的景观，在一些高山、高原的高寒地带也有它的踪迹。例如在我国的青海、西藏就有的是，不必不远万里到北极去欣赏。

冻土

可别小看了冻土。世界上的冻土总面积大约有 3500 万平方千米，竟占了陆地面积的四分之一左右，真不少哇！其中以俄罗斯和加拿大为最多，几乎占了两国面积的一半呢。

我国的冻土也不少，主要分布在"世界屋脊"青藏高原，以及东北、西北山区。信不信由你，我国也有 215 万平方千米冻土，占全国总面积的 22.3% 呢。

多年冻土可以分上、下两层：上层每年夏季融化，冬季冻结，叫作活动层；下层是永冻层，几乎成年都是冻结的。

冻土从高纬度地区向低纬度地区逐渐减薄。北极地区的多年冻土有上千米厚，真是从上到下统统冻得硬邦邦啊！

顺便说一下，世界上的多年冻土大多是第四纪冰期时代遗留下来的，而且"冻龄"还很长呢。

新疆维吾尔自治区喀什冻土地带

第十九章

神出鬼没的冻土丘

信不信由你，小小的土包，可以一会儿出现，一会儿消失。

呵呵，别开玩笑啦！泥土堆积的小土包没有生命，怎么会这样呢？难道是魔术，还会和人们捉迷藏不成？

不，这不是魔术。我没有骗你，我就亲眼见过这样的"魔法小丘"。你不信，请看真实的例子吧。

在靠近北极圈和高山冰川周围的沼泽地里，每到冬天来临，就像树林里的蘑菇似的，会从平地上冒出许多坟墓似的小土丘。不明白情况的人，还会以为这是一片荒凉的坟场。住在附近的农民在春耕的时候，要费许多力气把它们铲平，真是伤透了脑筋。

其实，不用人们费力，到了夏天，它们就会自动悄悄消失的。所以这儿的一些人就懒得管它，反正都要消失的。如果没有特殊需要，何必花费力气去铲平它呢？

这些时而出现、时而消失的小土丘真是神秘极了，到底是什么原因造成的？

当地的人们有许多古老的传说。有人说，这是隐藏在地皮下面的

高山地带的冻土丘

魔鬼想拱出来，刚一冒头就被神灵压了下去。有人说，这是在冻土地上到处游荡的妖精使出的妖法。胆小的人听了，碰也不敢碰一下。

地质学家告诉大家：别害怕，这是冻土地区的一种常见的现象。

问题弄清楚了，原来这是太阳在这里玩弄的一个小小的魔术。

谁都知道，在低洼的沼泽地里，总是浸泡着许多水。无处不在的水不仅淹没了地面，还浸湿了地下的土壤和泥炭层。

严寒的冬天降临时，整个地面连同地下的土层全都冻结成一片。地下形成许多大大小小的冰块，好像具有特殊的磁力似的，不断吸收周围土壤里的水分，逐渐越冻越大，就把上面的地皮拱起来，形成一个个坟墓似的小土丘。如果土丘膨胀得很大，拱起的顶部就会裂开，生成两条交叉的裂缝，成为一种特征。

漫长的冬天过去了，地下冰块渐渐消融。融化后的水流渗流到土壤里，或是带着泥沙从丘顶的裂缝里流出来，神秘的小土丘就静悄悄地消失了。这就是一会儿出现、一会儿消失的冻土丘的全部秘密。

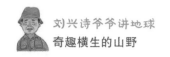

哈哈！它们冬天冒出来，夏天悄悄消失，真是一种非常有趣的季节性现象。我们知道候鸟冬去春来，可还不知道这些顽皮的冻土丘却是夏去冬来呢。

太阳晒化的河岸

河水多，河床宽，这是谁都明白的简单道理。

河水少，河床也会很宽吗？

会的，在靠近北冰洋的一些地方，许多河流就是这个样子。

加拿大北方的纳尔逊河和彻奇尔河流进北冰洋边的哈得孙湾，整个河床又宽又浅，许多地方浅得甚至露出了河底，形成水声潺潺的浅滩。

不明白真相的外来者会以为这是河水水量变化的结果。莫不是从前的河水很多，开辟了宽阔的河床，后来由于气候变化河水减少了，才变成这个样子的？

他们猜错了。这是北冰洋地区河流的"祖传"特征，是冬来春去的"太阳光游戏"的特殊结果。

北冰洋地区非常寒冷。冬天，河岸结冰，冻结得深深的。短促的夏天，太阳晒化了地面的积雪，河岸也解冻了。可是地下深处还来不及解冻，依旧冻结得硬邦邦的。地表的水分没法渗透下去，岸坡就变成一片泥浆，很容易发生滑坡和崩塌，使河岸不断后退，露出光秃秃的河底，生成许多礁石和浅滩，河床就渐渐展宽了。所以前面说的纳尔逊河和彻奇尔河水量都不大，河面却很宽，有的河段甚至超过1000米，比黄河和长江都宽得多。不知道其中秘密的外来者，没准儿还会以为这曾经是一条大河呢。

冰冻、解冻作用

在北极圈附近和高山地带，频繁的冰冻、解冻作用会使岩石破裂。请看下面我在北冰洋拐进来的哈得孙湾有名的"北极熊镇"彻奇尔港郊外画的一幅地质素描画吧。在寒冻风化作用下，坚硬的岩石沿着内部的裂隙，被劈得像一片片面包片似的，就是这种的奇异景观。

顺便说一句，我第一次正面遇见一只巨大的北极熊从乱石堆里跳出来，距我不过十来米，就是在这个地方。以后天天打照面，也就不算稀奇了。

唉唉唉，我相机还没来得及拿出来，当地朋友为了保护我这个"老外"，就把它赶走了，使我失去一次近距离和这位"北冰洋之王"合影的机会，实在太可惜啦！

加拿大哈得孙湾海岸边冻裂的岩石

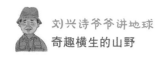

蛇丘

  冻土地区的特殊地貌还有很多，蛇丘就是其中之一。一道道长长的土梁子，好像一条条长蛇似的，分布在极地附近的原野里。

  古代冰川怎么会堆积成这样长的蛇丘？为什么在喜马拉雅山和别的山脉里没有见过这样的蛇丘地形？

  地质学家说："这是大陆冰川的产物，高山冰川分布地区当然没有哇！"

  原来这儿靠近北极，气候非常寒冷。第四纪冰川时期，这里有一片巨大的冰盖缓缓向四周移动，形成了大陆冰川。冰川下面有一条条裂缝，是冰川融化后水流动的最好通道。水流冲宽了裂缝，在里面沉积的许多沙砾慢慢填满了这些冰下空洞。等到冰期结束，冰盖渐渐消失，这些冰下堆积的沙砾露出来，留在地面上，就成为一道道蜿蜒伸展的蛇形土丘了。

  蛇丘不仅是大陆冰川活动的证据，它的长轴延伸的方向，还能指示当时冰川流动的方向呢。

可可西里冻土区

第二十章
沙漠和戈壁的出身卡

提起沙漠，人们禁不住皱起眉头，还会发出慨叹：老天爷为什么这样不公平，别的地方都是青山绿水，偏要在这儿撒满了黄沙子，真是偏心眼儿。

唐代边塞诗人高适在《信安王幕府诗》中吟唱道：

大漠风沙里，
长城雨雪边。

李贺也说：

大漠沙如雪，
燕山月似钩。

唉，沙漠里就只有一片风沙，实在难看极了。沙呀沙，为啥都堆在这儿呀？

新疆维吾尔自治区库木塔格沙漠

真的是老天爷偏心眼儿吗?

不,沙漠生成的原因各种各样。有的还有美好的过去,并不都是一开始就是这个样子的。

沙漠生成的原因,说到底是缺水。

我国西北地区和邻近的中亚地区的沙漠,处在欧亚大陆的中心,距离四面八方的海洋都很遥远。古人说:"春风不度玉门关。"湿润的海风吹不到这里,气候非常干燥,当然容易形成沙漠。

翻开地图看,美国西部也有一片沙漠,那里离太平洋很近,为什么也会变成这个样子?

这是山地阻挡的结果。高高的落基山脉从北向南伸展,好像是一道密不透风的高墙,挡住了太平洋吹来的海风。风带来的雨云没法翻山,就在山那边生成沙漠了。

再翻开地图看，非洲的撒哈拉大沙漠、西亚的阿拉伯大沙漠、澳大利亚西部和智利北部的沙漠，这些地方都紧靠着海边，没有高山阻挡，为什么也变成了沙漠？

　　这是因为受到副热带高气压的影响。这些地方都在副热带地区，从高空吹下来的干风，本来就不容易凝结下雨。加上风源都是干燥的内陆，本来那儿就缺水。这股风几乎没有一丁点儿水分，怎么能下雨呢？当然也无法阻挡沙漠的蔓延。

　　人们在沙漠里考察，发现了古代城市的废墟、干涸的河床和湖盆，以及农田的遗迹。证明这儿原本是有人居住过的绿洲，后来由于不合理的开垦和水源破坏，才变成沙漠的。造成沙漠蔓延，人类自己也有责任，可别只顾怨天怨地，忘记了检查自己呀！

　　戈壁呢？

　　戈壁还有一个流传更广的名字。在戈壁这个词儿的后面，加

新疆维吾尔自治区哈密魔鬼城戈壁滩

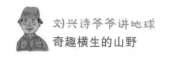

一个"滩"字，叫作戈壁滩。

请注意，这个"滩"字可不是随便乱加的。什么是"滩"？那就是一大片地方，往往分布在山前、河流出山的山口外面。滩上布满了乱石，和黄沙滚滚的沙漠完全不一样。

明白了吗？一个是石块，一个是沙，二者的组成物质不同，分布的位置也有差别。

戈壁滩的石块是从哪儿来的？当然是山洪暴发，从山里叽里咕噜冲带出来的啰。俗话说："戈壁滩上的石子和天上的星星一样多。"

请看另一位唐代边塞诗人岑参的《走马川行奉送封大夫出师西征》。一开始就有这么几句：

君不见走马川行雪海边，
平沙莽莽黄入天。
轮台九月风夜吼，
一川碎石大如斗，
随风满地石乱走。

瞧，一条干涸的河床里布满了斗大的石头，这些石头被风推动着到处乱滚，当然也可以被凶猛的山洪冲出山口，堆积在倾斜的山麓平原上。一年又一年，这些石头越堆越厚，也就堆成了厚厚的砾石层。

山洪消退后，这儿是风的天下。原野里吹刮不息的风，像是不知道疲倦的清洁工，把砾石缝里的尘沙清扫得干干净净，只留下吹不动的大大小小的石子，这就是我们瞧见的戈壁滩了。

女科学家杨拯陆英勇牺牲的故事

杨拯陆是杨虎城将军的女儿。西北大学石油地质系毕业后，她坚决要求到边疆工作，担任了新疆石油管理局117队的队长，也是地质队唯一的女队长，承担了克拉玛依地区的勘探任务。在夏日酷热难忍的戈壁，她把随身水壶里仅余的水让给了一个实习队员，自己嘴唇却干得流血。她找到一洼漂浮着许多红色小虫的脏水，趴下去喝了几口解渴。无处可以宿营时，她曾经睡过狼窝。为了让同伴们好好歇息一下，有时自己整夜与嗥叫的恶狼对峙……她总是把困难留给自己。

1958年夏天，她带领的地质队接受并完成了中蒙边境一个地区的勘探任务。这里是天山和阿尔泰山余脉交会的地方，气候变化多端，环境十分恶劣。9月25日，刚好是中秋节，她和一个队员出发时还是晴空万里，想不到下午天气突然发生变化，狂风夹着雨雪袭来，气温一下子下降到 $-20℃$。他们穿着单薄的工作服在冰天雪地里与狂风搏斗，但终因体力耗尽倒了下来，冻僵在荒野里。队友们找到他们时，杨拯陆的手里还紧紧握着刚刚填绘的地质图。她为了保护国家机密，临死的时候也没有让狂风将地图吹送到国境线外面去。这一年，她刚刚22岁，还没有结婚。她本打算结婚的，却因为这个勘探任务而推迟了婚期，不料却牺牲在工作的第一线。

好一个将门虎女！好一个可敬的地质队员！

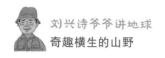

风棱石、沙漠漆

　　戈壁滩上的砾石和河流砾石一样光滑。河水里的砾石被水流冲带着，骨碌碌地往前滚动，磨得又圆又光。戈壁滩上的砾石趴在地上不动，经常变换方向的风沙从不同的角度摩擦它们的表面，就能磨出几个磨光面，生成特殊的风棱石。

　　火辣辣的沙漠，太阳在这儿也发挥了特殊的作用。在烈日暴晒、长期强烈蒸发的情况下，砾石内部的一些化学成分随水分蒸腾。当水分蒸发消失后，化学物质沉淀在石块表面，再经过风沙摩擦，就形成一层特殊的乌黑或红褐色的发光薄膜，好像涂抹着一层又黑又亮的油漆，这叫作"沙漠漆"，十分引人注目。

沙漠漆

第二十一章
魔鬼城的秘密

到新疆，不看有名的"魔鬼城"，那就太遗憾了。

"魔鬼城"在哪儿？就在"石油城"克拉玛依北边不远的准噶尔盆地深处。我们开车从克拉玛依市出发，呼呼呼一会儿就到了。

在荒凉的原野里远远看它，高高耸起一排排岩石墙壁，好像是古代城堡残留的城墙。

走进这座"城"一看，到处都是层层叠叠的石塔、石墙，周身刻画着浮雕似的水平条纹，仿佛是砖块和镶嵌的石片脱落后留下的痕迹。猛一看，似乎和这里西域丝路上的一些古城遗址一样。迂回曲折的道路，在沉默的石壁间绕来绕去，好像每条小路都能把人们引带出去，又像一团理不清的乱麻，不断岔开又纠合在一起，把拜访它的人弄得晕头转向。

这里没有居民，也没有一丁点儿人类文明留下来的遗迹。只有看不见身影的风，卷着一股股尘沙，在里面悄悄地溜来溜去，发出忽高忽低的呜呜咽咽的声响，更加增添了它的神秘性。

来到这儿参观的人们忍不住会问：谁是这座石头城堡的创造者？

新疆克拉玛依魔鬼城

难道它和著名的楼兰废墟一样，也是西域丝路上遗留的一座古城吗？

不，它不是文明的结晶，而是沙漠里到处流浪、到处毁坏一切又创造一切的风精心雕刻的作品。当旷野里有一些光秃秃的岩石露出来，风就用卷着沙子的粗糙手掌不停摩挲它。风顺着岩石表面的裂隙吹蚀，使一条条裂缝越张越大，渐渐磨蚀成一条条狭窄的巷道。风再把岩石的松软部分磨出凹槽，使坚硬部分相对突起，呈现出浮雕一样的形态，日子一久，就渐渐塑造成这座神秘的石头城堡了。

这就是风在荒漠里摆出的迷魂阵的全部真相。

我用地质罗盘测量其中的巷道走向，和当地的几组岩层裂隙完全一致。那些石塔、石墙和石柱上的横向花纹，又和岩层的水平层理相符合。

呵呵呵，这座"魔鬼城"的整个图纸，早就被它的地质构造给绘制出来了。不会说话的风，只不过是一个执行设计图的工匠而已。

科学家不信魔鬼。因为"魔鬼城"是风的作品，就给它取了一个最恰当的名字，干脆就叫作"风城"。

你知道吗？

石蘑菇和蜂窝石

在茫茫的沙漠和一些干旱的荒野里，人们常常可以瞧见一些难以想象的奇观。

新疆的罗布泊附近、克拉玛依以及天池北边的荒漠中，就有这样奇特的作品，丝毫不亚于美国西部同样的景物。

瞧吧，野地里忽然冒出几个特大的石蘑菇，还有一些周身孔洞的蜂窝石。你说，奇怪不奇怪？

石蘑菇是什么样子？

西撒哈拉沙漠中的石蘑菇

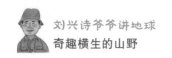

就是一般的蘑菇样子呀，细细的脖子，大大的脑袋。大的高达十几米，小的也有好几米，简直就像一个个妖怪。

这些大脑袋是怎么形成的？

这是风的杰作。贴着地面低低吹刮的风，挟带着无数沙砾，甚至还会卷起一些大大小小的石块，成年累月摩擦一些高高突出、光秃秃的大石头，经过漫长的岁月，最后产生了这样的结果。因为风所吹带的沙砾总是越靠近地面越多，所以这些石头的下部摩擦得最厉害。时间一久，就自然形成这副模样了。

当然啰，这也和岩石的软硬程度有关系。如果下面的岩石比较软弱，那就更加容易生成这样的大脑袋怪物了。

蜂窝石是什么样的？

从它的名字就可以知道，它是周身布满大大小小、深深浅浅的凹坑，活像是一个大马蜂窝的石头。

仔细看，这些凹坑有的大，有的小；有的深，有的浅；有的地方密密麻麻的，有的地方又稀稀拉拉的……分布很不均匀，和常见的蜂窝又有些不一样。

这是太阳和风共同努力的杰作。

第一步工作是太阳干的。火热的沙漠太阳，把出露在黄沙地面上的岩石晒得滚烫。晚上太阳落山，气温迅速下降，石头表面一下子变冷。这样一热一冷，产生了热胀冷缩。一年又一年过去，石头表面的结构就被破坏了，开始一片片剥落，生成了一些宽浅不一的疤痕。

风接着登场了。它挟带着无数沙子，毫不客气地扑了上来。一股股呜呜响的风沙气流，像风钻似的不断磨蚀石面上的疤痕，越钻越深，就生成了许多深浅不一的孔洞，完成了最后的工序。

这种周身都是孔洞的石头有一个最恰当的名字——蜂窝石。

第二十二章
黄沙月牙儿

请问，哪儿的月亮最多？

天上吗？

不，天上只有一个月亮。

水里吗？

天上的月亮映照在水里，留下自己的影子，世间有多少个水塘、大河、小河和湖泊，就有多少个亮晶晶的"水月亮"。

不，水里的月亮只不过是虚假的幻影。看得见，伸手却摸不着，撒网也捞不起来。水中捞月这个成语岂不就说清楚了这回事？

信不信由你，世间月亮最多的地方在沙漠里。

哈哈！黄沙滚滚的沙漠，一滴水也没有，怎么也能像水塘一样映照出月亮的影子？

谁给你说这儿的月亮是影子？我说话可是认真的。这儿的月亮看得见，也摸得着。

哈哈！哈哈！哈哈哈！简直是梦话。

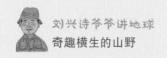

请相信我吧！在茫茫的大沙漠里，真的有许许多多月亮呢。

这是什么月亮？这是黄色的"沙月亮"。

"沙月亮"是什么玩意儿？就是黄色的新月形沙丘哇！一排排、一重重弯弯的黄色沙丘，像是数不清的月亮，也像是滚滚滔滔的一层层波浪。唐太宗李世民就写过一首名叫《饮马长城窟行》的边塞诗，请看开始的几句吧：

塞外悲风切，
交河冰已结。
瀚海百重波，
阴山千里雪。

新疆吐鲁番
沙丘

瞧，其中"瀚海百重波"这一句，岂不就清清楚楚地描绘出号称瀚海的大沙漠里有重重叠叠、波浪一样的沙丘吗？

　　是呀！这不是通常的水波，而是波浪似的沙丘地形。站在高处远远望去，一层层沙丘宛如黄色波浪，所以才有这样的描述。如果没有亲临其境的经历，是没法想象出来的。李世民一生东征西讨，到过许多地方，不排除这是他亲眼所见的景象。

　　沙漠里的沙丘，为什么会形成波浪一样的景象？这和生成它的动力——风有关系。

　　风掠过地面，遇着障碍物就会堆下一些沙子，成为一个小沙堆。沙堆越堆越高，风再也不能自由自在地吹过去了，就翻过沙堆在背后打一个滚儿，形成一股涡流，吹蚀着背风坡，使沙堆两边的坡度渐渐不一样。迎风坡缓，背风坡陡。前者适合风贴着地皮吹过，后者是沙丘背后的涡流吹蚀的结果。想一想，这就像流线型小汽车一样的嘛。

　　渐渐长大的沙丘成为风的障碍。一股股紧贴着地皮吹的风，要想推动整个沙丘不容易，只能吹动沙堆两侧的沙子，往前移动。这样长期发展的结果，就把沙堆两侧慢慢越拉越长了，渐渐成为两个尖尖的角。原来的沙丘被改造成一个个弯弯的黄沙月牙儿，我们便称其为新月形沙丘。

　　密集的新月形沙丘群，左右互相连接起来，就形成一列列波浪似的景观了。

　　话说到这里，我想顺便说一句题外话。

　　对沙漠不了解的人们，常常对它有恐惧感，担心会在茫茫大沙漠里迷路。其实在有经验的地质工作者眼中，沙漠是最安全，也最不容易迷路的地方。我平生经历过包括山地、平原、高原、沙漠、

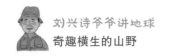

戈壁、洞穴、岩溶、火山、冰川、森林、草原、河流、湖泊、沼泽、海岸、大海等各种各样的自然环境，最害怕的是热带丛林，因为周围的林木和杂草密密麻麻，看不见几步远的地方，跨出了一步，就不知道下一步会遭遇什么情况。反倒是沙漠、戈壁、冰山这些看似很危险，却能对周围一目了然，心中更有数一些。只要沉住气，看清楚了再下脚，就没有什么好害怕的了。

让我在这儿说一个也算有一些惊险的场面吧。

20世纪80年代初期，在青藏高原东部边缘的龙门山中，我们必须经过两座铁索桥，渡过平时就奔腾咆哮的杂谷脑河和它的一条支流，才能进入由于2008年"5·12"大地震而被大家所熟知的汶川县城。不料我们遇到了雨季，河中水势汹涌，浪涛高高掀起，吼声震动山谷。当地人为了安全，临时抽光了桥上的木板，只留下光溜溜的铁索，阻止两岸通行。面对这样的情况，怎么办？我不能让队员们冒险，于是就和一个队友身背沉重的地质大背包，亲自去执行任务。当时，不是大家鼓励我们俩，反倒是我俩安慰大家说没有什么事的。

仔细看，虽然是光铁索，其实每一股都有好几根铁丝扭在一起，有一个拳头的宽度，足以容下半只脚了。这两座铁索桥，我俩来回要走四次。特别是走到中间的时候，铁索下沉，晃晃悠悠的，加上脚下怒涛翻滚，水花飞溅，有时会打到身上，更增添了心里的恐惧，过桥的确有些困难。但是如果把整个过桥的过程分解为许许多多的步子，就没有什么大不了的了。我不能想象一下子就快步走过这晃里晃荡的桥，却可以把握住自己，走好每一步。

我跨出了一步，站稳了身子，心里就有了底气。尽管手中和脚下的铁索都晃悠得很厉害，可是沉住了气，来回走四次铁索桥有什么可怕的？岂不就是跨出一个个步子吗？俗话说，熟能生巧，跨一步就有一步的经验，再多跨 N 步又何妨？我们就是这样越走越有信心，终于胜利地完成了任务。从此以后，我就明白了这样一个道理：不管天大的困难，只要分解为无数个细小的环节，没有克服不了的。

亲爱的孩子们，我在这里离题万里地讲这个故事，不是表现自己是怎么勇敢的，而是想告诉大家，不要害怕困难。甭管是大自然里的，还是学习上、工作中和生活里的，都没有什么可怕的。试一试，用这个过铁索桥的办法，把天大的困难分解开，转化为一个个非常简单的步子，就没有什么可怕的了。有了勇气、信心、智慧，就能战胜任何困难。

噢，跑题了。请大家跟随我，再转回来说一说沙漠和新月形沙丘吧。大家想一想，沙漠一眼可以看穿，有什么可怕的？告诉你吧，这儿非常安全。

首先，除了有一些植物的沙漠边缘，一般都没有什么凶猛的野兽。野兽也要吃东西，沙漠里什么吃的都没有，跑到这儿来干什么？难道就是等着某一天你会来，专门等在这儿吃你的吗？哈哈哈！天下哪有那么傻的野兽。等到你来的时候，它早就饿死了。不是它吃你，而是你吃它的肉干。

沙漠不是没有水嘛，你多带几瓶水不就得了。告诉你吧，我每次进沙漠总是多带好几瓶水，想不到最后回来，水还剩下了许多，白费力气了。为什么？因为心里总是想着缺水，舍不得一下子喝完，反倒节约下来，只好吭哧吭哧背回来了。

害怕迷路吗？

哈哈！其实沙漠里最不容易迷路了。

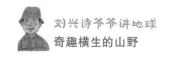
沙漠气候很干燥，几乎没有云和雨。想一想，天上没有云雾，白天太阳亮堂堂，晚上北极星看得清清楚楚，还会迷路吗？

沙漠里还有一种最好的指路牌，就是我们在这一节里讲的新月形沙丘了。只要懂得新月形沙丘形成的秘密，了解它两侧的尖角总是指向下风方，又知道当地不同季节的盛行风的风向，当然就不会迷失方向啰。

想一想，这是为什么？因为每一座新月形沙丘都是一个无声的指路牌，难道不是这样吗？

沙漠迷路记

我说沙漠不容易迷路，是相对其他地方而言的。其实不管多么有经验的人，有时也不免会迷失方向。

我自己就有这样的经历。有一年，在巴丹吉林沙漠工作，一次傍晚收工回来，我的步伐较快，不知不觉就走到前面，只顾埋头往前走，心里想，如果我走错了，后面总会有人提醒的。这样埋头走了一阵儿，回头问后面的人："还有多远哪？"

后面的人一听就跳起来吼叫道："你在前面带路，怎么问我们？"

坏了，发生了一个误会。好在偏差不大，很快找了回去。可是，另一个小组却没有我们幸运了。有一天，他们遇到风迷了路，在沙漠里转了大半个夜晚，怎么也找不到回去的路。最后筋疲力尽，只好在一个沙丘背后，一个个蜷缩成一团，当了一个晚上的"团长"。

他们就这样迷迷糊糊睡到天亮，忽然被食堂的"钟声"惊醒。起初以为是在做梦，后来明白了，"钟声"就是从沙丘背后传来的。原来他们稀里糊涂走到距离食堂只有几十米远的地方，如果再往前走几步就到家了。早上食堂开饭，敲打挂在门口的一根钢条，传来清晰的当当声。当这几个倒霉蛋灰头土脸从沙丘背后走过来时，食堂门外的队友们端着热腾腾的早餐都笑疼了肚子。

小卡片

形形色色的沙丘

沙漠里的沙丘各种各样，并不都是新月形。我在这儿只讲几种最主要的吧。

在一年四季强烈的常向风的影响下，可以形成一种纵向沙垄，又叫作鲸脊，两边的斜坡对称，延展很长很长。埃及境内的沙漠里就有分布。

在多向风的作用下，可以生成一种金字塔形的沙丘，我国的塔里木大沙漠的中心，就有这种大沙丘。如果有人看花了眼睛，没准儿还会以为是一个神秘的古代建筑遗迹呢。

新月形沙丘也多种多样。密集分布的地方，可以形成复合型的横向新月形沙丘链，或者纵向新月形沙丘链。

新月沙丘

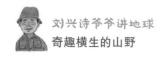

会走路的沙丘

沙丘，是沙漠的风的黄色"脚掌"。性情变化无常的沙漠风暴推动着它们，沿途吞噬着一切障碍物，房屋、田地、道路全都无法逃脱它们的魔掌。难怪住在陕北沙漠边上的人感叹："轻不过的沙，重不过的沙。"沙子可以轻轻被风扬起，也可以重重压在地皮上，使被压的东西没法翻身。

也不是所有的沙丘都能迅速运动给人造成灾害。陕北的居民还总结出两句话："大冈走得慢，小冈走得快。"

这句话的意思是高大的沙丘运动慢，低矮的小沙丘运动快。虽然大沙丘瞧着很可怕，但是不容易被风吹动。小沙丘的个儿小，却很容易被风推动前进，对人们的危害也大得多。

沙丘上的植物被覆程度和水分含量，也影响沙丘的运动速度。

根据实地观察，植物被覆面积超过60%的沙丘，几乎不会移动，我们称之为固定沙丘。被覆面积30%～50%的沙丘，大风才能吹动，这是半固定沙丘。只有几乎没有植物覆盖的流动沙丘，活动性最强，危害性最大。

不消说，潮湿的沙丘也不容易运动。一年中比较湿润的夏秋季节和地面有霜雪黏结的冬天，沙丘运动都不快。只有干燥的春天，水分少、植被差、西北风最猛烈的时候，沙丘才能拔起脚来大步奔跑。

第二十三章

流沙的陷阱

第二次世界大战期间，一支美军运输车队穿过北非沙漠开往前线。突然天空中出现了敌机，朝这支车队恶狠狠扑来。队伍一下子被打乱了，所有的汽车都慌里慌张四散奔逃。

有一辆汽车拐了一个急弯，朝沙漠腹地奔去，企图用速度和高超的驾驶技术躲避敌机的追击。

意料不到的事情发生了。

汽车开到一片沙地上，再也没法往前开动。车身忽然像是被什么东西吸住了，一点儿一点儿往下沉，好像陷进了一片沼泽似的。

这是怎么一回事？

开车的美国兵吃惊地伸出脑袋，察看车下的情形。

不看不知道，一看吓一跳，只见前后的车轮无力地打着空转，却没有办法挣扎起来离开这儿半步。

沉重的车身使汽车迅速沉没下去，很快就看不见车轮的踪影，紧接着，半截车厢和车门也陷进了沙里。黄色的流沙像水一样飞快地漫上来，很快就要堵住车窗，挡住他的视线。

甘肃敦煌鸣沙山

危险已经迫在眉睫，不能再坐着不动了。吓坏了的美国兵连忙挣扎起身子，从车窗里爬了出来。

就在他刚离开汽车的一刹那，整个汽车就像一块石头似的沉进了面前的黄色流沙中，消失得无影无踪。他奋力往远处一跳，才侥幸保住了性命。

头顶的太阳依旧亮堂堂的，脚下的沙地也还是黄澄澄一片，可他的汽车已经不见了，只留下他手足无措地站在滚烫的沙地上发呆。

这不是童话，也不是杜撰的科学幻想故事，而是一件真实发生过的事情。

这种事情在沙漠里不止一次发生过。古时候，穿过沙漠的行人和骆驼队，都曾经这样悲惨地丢失过性命。甚至有一支威风凛凛的军队，也遭遇了流沙陷阱。领兵的统帅认为是自己冒犯了神灵，连忙掉转马头，带领剩余的兵马慌里慌张离开了那个神秘可怕的地方。

会"唱歌"的沙子

沙子会"唱歌"吗？

这并不稀奇。翻开一本古书，上面记载，在我国河西走廊东边的凉州，有一座大沙山。从前在这里发生过一场血战，死了好几万人。后来人们经过这里，时常可以隐隐约约听到一阵阵擂鼓敲锣的声音，仿佛那些战死的灵魂没有闭上眼睛，还在和敌人奋勇厮杀。这当然是传说。

但是在河西走廊西边的敦煌，就有一座会发出声音的沙山。在沙漠烈日的照射下，只要踩着脚下的沙子，它就会发出神秘的号角声，那声响和前面讲的那座沙山一模一样。

这座沙山有几十米高，人坐在上面往下滑，常常会发出一阵奇怪的响声，所以人们就把它叫作鸣沙山。

鸣沙山的响声到底是怎么回事儿？人们说法不一。

有人说，沙砾往下滑时，里面的空隙一会儿变大，一会儿变小，空气进入空隙，又很快被挤出来，就发出响声了。

有人说，表面的干沙子下面有一层潮湿的沙土。当干沙子滑动时，潮湿的沙土也跟着振动，产生共鸣作用，就响了起来。

还有人说，这些沙子绝大多数是石英，石英受到挤压和摩擦就会生电，可以发出很轻的声音。

到底谁说得对？一时还说不清，这是沙漠里的一个谜。

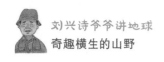

流沙陷阱是怎么生成的

沙漠里为什么会有流沙陷阱？

原来，这是特殊的沙砾造成的。

这里的沙子都是均匀的球状颗粒，非常容易滑动。只要上面承受一丁点儿重量就会破坏平衡，迅速向周围滑开，使外来的东西沉陷下去。

流沙陷阱淹没东西的速度非常快。陷在沼泽里还可以奋力挣扎一下，落进了流沙陷阱可就倒霉了。没准儿连"妈妈"也来不及喊一声，就会成为沙漠里的冤魂。

沙漠驼队

第二十四章

风吹来一个大高原

呼呼的西北风，吹来一个黄土高原。

呵呵，黄土高原东自太行山，西到乌鞘岭，北从长城根，南到秦岭下，总面积有 40 多万平方千米，差不多有半个西欧那么大，是我国四大高原之一。不是纸糊的风筝，黄土高原怎么会被风吹来？如果真有这么一回事，那需要多么大的一股风啊！

这不是骗人，是千真万确的事情。

它不是一场大风吹来的，而是在漫长的岁月里，一阵阵西北风不断吹刮的结果。

风啊风，这个扇着透明翅膀的飞行者，是从什么地方飞来，带来黄土的？

黄土高原紧挨着北面和西面的沙漠，每到冬天和春天刮起西北风的时候，沙漠里许多很细的尘土就会被卷到空中，一直吹送到这儿。尘土从天上慢慢撒落下来，落在起伏不平的大地上，填平了凹地，盖住了山坡，渐渐把一些低矮的山丘也掩埋了。日子一天天过去，沙土越堆越厚、越填越高，就逐渐堆成广阔的黄土高原了。

黄土高原地貌

风啊风，黄土高原的营造者。说它带来黄土，可有证据吗？

翻看布满灰尘的历史书，找到了许多值得人们注意的"雨土"现象。这是风吹来黄土颗粒的最真实的记录。

让我们随便翻几篇"雨土"的记载吧！

《明史》里有一段生动的描述，说明宪宗成化二十一年（公元1485年）的一天，在河北大名这个地方，刮起一场沙尘暴，"自辰迄申，红黄满空，俄黑如夜。已而雨沙，数日乃止"。

请看，这一股风吹来这样多的尘沙，把天空染得红不红黄不黄的，白天也变成了黑夜。接连好几天从天上落下尘土，堆积起来就是黄土了。

清代一位名叫王士禛的学者，写了一本《香祖笔记》，里面有一段更加详细的"雨土"记录："康熙乙酉年（公元1705年）五月十八日，大风从西北来。先以黄气，继以赤气，气过而风。昼晦，大树皆拔。蒲台县之陈化镇，有三人同行。风至，伏田间。

及风息，则三人伏处皆成坟，如新筑者。"

瞧呀，一场风吹来黄土堆积，竟把三个大活人活埋了。

再看《元史》中的两段记录：

元世祖至元二十四年（公元1287年），蒙古高原上一场沙尘暴，"雨土七昼夜，没死牛畜"。

元成宗大德九年（公元1305年），山西大同"雨沙黑霾，毙牛马二千"。

另一本叫《五杂俎》的古书，更加明确地记录了前者的情况，当时"雨土七昼夜，深七八尺"。忽然有大量的沙尘从天而降，不弄死野地里成群的牲口才奇怪呢！

这些古书上写的"雨土"，到底是怎么回事？看看《明史》中的两句描写就知道了。

明宪宗成化六年（公元1470年），"二月丁丑，开封昼晦如夜，黄霾蔽天"。

明思宗崇祯十三年（公元1640年），"闰正月丙申，南京日色晦蒙，风霾大作，细灰从空下，五步外不见一物"。

这两句话说得非常清楚了。原来"雨土"就是沙尘暴，从黄河边的开封到长江边的南京都曾发生过。

更加古老的沙尘暴事件，发生在遥远的夏代。晋代张华写的《博物志》中，有一段奇异的记载："夏桀之时，为长夜宫于深谷之中，……天乃大风扬沙，一夕填此空谷。"

我使用古气候和考古材料做过一些对比研究，发现距今三四千年前的夏商时期，正好和第四纪全新世亚北方期（一个以持续性干旱和突发性洪水为特点的灾变时期）相当，发生这样的沙尘暴是完全可能的。

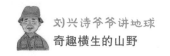

想一想，这一场场风吹来了多少尘土？经过成千上万年，不能堆积成一座巨大的黄土高原吗？

噢，沙尘暴不仅发生在今天，想不到古时候也曾经非常强烈。生成沙尘暴的原因非常复杂。在今天，有环境破坏的因素。在远古时期，就是第四纪最后一个冰期结束以来，全新世期间以2500—3000年为周期，有着古气候周期性演变，其演变情况非常复杂也导致了沙尘暴。请别过于抱怨今天的沙尘暴。想一想，也还没有掩埋大活人和许多牲口的恶性事件嘛。

黄土高原上的黄土很厚，一般有五六十米，最厚的地方有一两百米。科学家从最下面最古老的黄土层里取出标本测定出其年龄，有100万年呢！

人们发现，在厚厚的黄土层里藏着一层层黑色的土壤。

这是什么？

这是古代生长草木的地面。一层层埋藏的古土壤，表明黄土堆积曾经停顿过，那时气候变得湿润，周围环境也开始变好。

由于沙漠周围不合理的开垦，西北风带来的黄土堆积现在还在进行着。

让我们爱护环境，不让空中的尘土再撒落下来，让肥沃的地面永远也不要再被掩埋吧！

让我们再回过头来，说一说黄土和沙漠的关系吧。

在广阔的中亚荒漠，有一个有趣的现象。在大沙漠外面，常常分布着一片片黄土。风从沙漠里吹来，卷起一阵阵黄色尘暴，飘到远处沉积下来，就生成了细细的黄土。我在中亚地区考察，就见过这样的相关联的现象。我双手赞成这个学说。

事实正是这样。黄土高原上厚厚的黄土绝大部分都是风从沙漠里吹来的。

　　风是最好的筛子，把尘土"筛"得非常均匀，沉积下来的黄土颗粒几乎都同样大小。如果请人来筛选，要耗费多少时间、用多少气力呀！

　　风是最了不起的搬运工，它把这样多的黄土从老远的沙漠里搬来了。如果靠人工搬运，要用多少火车、汽车、飞机才行啊！

　　风是最高明的建筑师，把尘土撒在它经过的地方，填平了起伏不平的山丘和凹地，塑造了巨大的高原。请问，人间有谁能够完成这样宏伟的建筑物？

　　风吹来的证据，一件件找到了。除了厚厚的土层里颗粒均匀，没有一丁点儿层理。

　　瞧！在扫描电镜下观察，有些黄土中的石英沙粒表面布满了密密麻麻的细小凹坑。这是风吹扬起来后，石英沙粒在天空中互相碰撞的结果。沙漠里的沙粒，也有这种特征。

　　看，黄土分布总是一样高。在有高山的地方，露出了半截岩

内蒙古自治区
沙尘暴

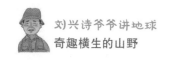

石嶙峋的山坡。这是风扬起尘土的最高界线哪！科学家把它叫作"黄土线"。

只有风，只有这个隐身的搬运工，才能像愚公移山似的，堆积成面积广阔的黄土高原。

黄土高原是风吹来的，这个理论得到了所有的地理学家、地质学家、气象学家和土壤学家的赞成票。

黄土成因的种种说法

黄土高原上的黄土到底是怎么来的？人们议论纷纷，各有各的说法。

有人说，这是水冲来的。

这样说，似乎也有证据。他们在黄土层里发现了一层层流水沉积的层理，还找到了一些冲来的砾石。这不是流水冲来的，还会是什么呢？

反对的人说，这不对呀！黄土很细很细，绝大部分地方都看不到流水沉积的层理，砾石更少得像是"稀有动物"。怎么能够用局部现象，解释整个高原的生成原因呢？实际上这些沉积层理和砾石，都是经过后来的水流冲刷后，再搬运、再堆积的玩意儿，有一个名字，叫作次生冲积黄土状物质。不能只看局部，不看整体，那岂不是本末倒置了吗？

有人说，黄土是岩石风化生成的。这也不对。黄土层下面的岩石多种多样，怎么会风化生成同样细腻均匀和这样厚的黄土？

世界上大多数科学家认为，黄土是风吹来的。这可是公众的意见。中国有一句古话说，英雄所见略同。对不起，请你少数服从多数吧！

南方的黄土

我国北方黄土高原有黄土，没有什么好说的了。

请问，南方也有黄土吗？

有哇！有人说，南阳盆地里的南阳黏土、南京附近的一种下蜀黏土、成都平原的成都黏土，都是两三万年前第四纪晚更新世的黄土，和北方的马兰黄土是同时代的"兄弟"。

原来这都是在后来的湿热气候环境里，原有的黄土演变成的一种退化黄土。想一想，我们在前面列举的例子中，南京古代也有沙尘暴现象。风搬运尘土，并不是像象棋盘上的楚河汉界那样泾渭分明。就算是象棋盘，车、炮，甚至小卒也能过河嘛。为什么更早的地质时期，携带尘土的风不可能吹到南方生成黄土呢？

以成都黏土来说吧。我发现了一些现象，可以充分证明这个问题。

1. 它像是一张巨大无比的地毯，从西北向东南，几乎盖了半个四川盆地，覆盖的上界和下界完全一样。在盆地内部一些封闭的凹地底部，任何河流无法到达的角落里，也有它的踪迹。如果不是风力吹扬，怎么可能分布得这样广泛？

2. 它好像被一个大筛子精心筛选过似的。所有地方的矿物成分和化学成分，几乎都是完全一样的。粒度组成非常均一，从西北向东南逐渐变细。如果不是风的吹扬筛选，怎么会是这个样子？

3. 它的表面有许多奇异的特征。我从成都近郊几个典型剖面采集了一些石英沙砾，放在电子显微镜下扫描观察，发现有的表面布满了密密麻麻的细小凹坑，好像是一个大麻子面孔。这是风吹扬起来，在天空中互相碰撞的结果。沙漠里的沙砾，也有这种圆麻状鉴定性的特

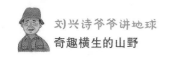

征。有的像是被猛烈撞击过似的，有明显的撞裂的缺口，完全没有冲积沙特有的磨圆光滑的形状。如果没有经过风力吹扬，许多沙砾在空中互相碰撞，怎么会有这些特点？

南方的黄土都是变了样子的退化黄土吗？

也不全是这样的，我在九寨沟附近就见着一种保存得很好的黄土，并把它称为松潘黄土。想不到在长江三峡里，居然也有非常典型的黄土分布。

1975年，我在巫山考察，刚登上城后的北门坡，就瞧见了厚厚的黄土层。这可是真正的黄土啊！县文化馆旁边的一道陡坡，灰黄色的粉沙土层足足有20多米厚，垂直裂隙非常发育。土层里也有一些钙质结核，谁见了也不会把它弄错。把在这里采取的样品放在电子显微镜下扫描观察，也发现许多撞击形成的碟形和 V 形浅坑，统统都和风力作用有关。我心里很高兴，就给它取名叫作巫山黄土，写进我的一本专著和一些论文里。

想不到好事还在后面呢！我继续前进到了秭归县，这里的黄土分布更加广泛、更加厚，也更加标准。特别是古秭归城对岸——西周时期周成王封南方"荆蛮"首领熊绎为楚子，走进楚国最早的都城楚王台遗址，简直好像走上了西北的黄土高原。

这里竟有一道6～20米厚的黄土剖面，它质地非常均一，不含一丁点儿岩屑；没有层理，孔隙度高，渗透性很好，垂直节理特别发育。毫无疑问是标准的风成黄土剖面，这才是真正的黄土哇！

啊！更加想不到这儿居然有一溜儿黄土窑洞。除了稍微小些，简直就和西北的黄土窑洞一模一样。我赶紧拍了一张照片作为纪念，迈开步子就想跨进去仔细参观。陪我来的县政府鲁秘书一把拉住我说："这是猪圈，有什么好看的？"

唉，这样标准的南方黄土，这样诱人的黄土窑洞，简直可以作为一个科学研究和科普教育基地，怎么做成了猪圈？

第二十五章
形形色色的黄土地貌

提起高原，人们就会想起北方的蒙古高原。登上蒙古高原一看，天苍苍、野茫茫，一望无涯，多么平坦，多么宽广。

同样在北方的黄土高原，也是这个样子吗？

不，黄土高原面虽然很平，几乎全都处在同一个水平位置上，却被切割得非常破碎，别想骑着马一口气跑到天边。抖开缰绳跑不多远，就得悬崖勒马了。

要不，要不会怎么样？你自己想象吧。偏僻的黄土高原深处，呼叫 120 可不太方便哪！

黄土高原到底是什么样子？

唉，那简直惨不忍睹。请到陕北去看吧。好好的高原面被切割得七零八碎，东边一条沟，西边一道梁，许多地方干脆就是起伏不平的黄土丘陵，很少有一片宽阔的平地。

当然，也不是没有一丁点儿平地。有的地方总还残留着一小片平地，只不过不能像蒙古高原一样有一大片宽阔无边的平地而已。

这些被切割破碎的黄土地形有名字吗？

甘肃省黄土塬
地貌

有的。地质学家给它们取了专门的名字。

残留的小片平坦的黄土高原面，叫作黄土塬。甘肃东部西峰附近，这样的地形就非常普遍。有名的董志塬，物产非常丰富，就是其中的一个。1954年，我就到过那儿，至今还非常留恋。

黄土高原面被切割成一条条的，叫作黄土梁。有的顶部平坦，叫平梁；有的顶部起伏不平，叫峁梁。坐飞机从西安到太原或者北京，就能俯瞰这些地貌，而且看得清清楚楚。

黄土地形经过进一步破坏，成为一片黄土丘陵。远远望去，好像许多圆圆的馒头似的，叫作黄土峁。不消说，这是被侵蚀破坏到最后的产物。陕北黄土高原有许多地方都是这样的黄土峁。

甘肃陇东的黄土梁

　　人们看了切割破碎的黄土地形，不由得会问，好好的黄土高原，为什么会变成这个样子？

　　这是无数冲沟无情侵蚀冲刷的结果。走到黄土高原上，常常看见一条条被切割很深的冲沟到处伸展，把完整的高原面分割得不像样子。冲沟伸展很快，往往一场暴雨后，就能啮蚀一大段地皮，向前伸展很远。年复一年，一条条冲沟不停地发展，就会把一片本来完好的黄土高原切成一小片一小片的，变成面积很小的黄土塬。继续发展下去，小片的黄土塬也不能保存下来，变成了黄土梁。经过长期侵蚀，黄土梁也不能保存了，终于成为破坏得最彻底的黄土峁了。

　　人们还会问，为什么冲沟侵蚀这样厉害？从古至今都是这样的吗？

　　不，远古时期黄土高原上遍布森林草原，不会切割得七零八落。后来由于无知的人们砍伐森林，铲除草皮，不注意环境保护，肆无忌惮地开荒种地，只知道计算鼻子下面多几粒还是少几粒粮食。松软的黄土地面没有森林、草原保护，冲沟就开始成群成片出现，

加速破坏平坦的地面，把完整的巨大黄土高原面分割成小小的黄土塬，最后形成难看的黄土梁和黄土峁了。

植树造林、加强水土保持，是阻止冲沟冲刷、保护黄土高原的最好的办法。人们啊，不要那样愚昧，再干破坏黄土高原自然环境的蠢事了。

生成在干燥气候环境里，黄土主要的地球化学元素是 $CaCO_3$，也就是碳酸钙。钙这个玩意儿可以在缺水的干燥环境里保存，倘若经过雨水淋洗，就会迅速溶解，生成许许多多微型的特殊黄土喀斯特地貌了。

这儿有和石灰岩地区的漏斗相似的黄土漏斗。仔细看一些黄土表面，还有细微的黄土钟乳现象呢。

你知道吗？

黄土窑洞的秘密

辽阔的黄土高原上，有时走很远也见不着几座房子。刚到这儿来的人很纳闷，人们住在什么地方？

自古以来，这儿的人都喜欢住在窑洞里。仔细一看，在一些黄土坡下面，分布着一排排窑洞，难怪很少见着房子。

山西碛口古镇李家山窑洞群

人们会问："好好的房子不住，为什么藏在窑洞里？"

当地人说："窑洞里冬暖夏凉，住着很舒服。不用筑墙盖瓦，不怕风吹雨打，又省料、又方便，比房子好得多。"

人们还会问："住在窑洞里，不怕黄土坍塌吗？"

当地人说："不会的。黄土有直立不倒的特性，绝对不会坍塌。"

外来的人感到好奇，还会刨根问底："黄土很疏松，里面有许多孔隙，为什么可以直立不倒？"

当地人指着厚厚的黄土层说："黄土里面是不是到处都很疏松，请你仔细看吧！"

用放大镜细细一看，这才看清楚了它的秘密。原来由于受本身重力的影响，黄土上下层越压越紧，几乎把孔隙压得没有了，只有左右之间还保持着疏松状态，产生特殊的垂直节理。黄土层只容易沿着垂直方向开裂，形成直立不倒的陡壁。它的垂直节理发达，还能生成许多高高耸立的黄土柱，这些黄土柱也能长期直立不倒呢。

第二十六章
海岸的回忆

噢，海岸。人生八十载，海岸回忆何其多。

那是三亚，那是大连；那是鼓浪屿，那是鹅銮鼻；那是荷兰的人工长堤，那是野柳的天生奇石；那是黄河三角洲，那是莱茵河三角洲；那是西欧的北海上，嘻嘻哈哈的一艘游艇；那是渤海湾里，和一个老渔夫对坐的小渔船；那是太平洋东西岸，那是大西洋东西岸；那是暖洋洋、懒洋洋的印度洋，那是北极熊出没的北冰洋；那是人生学步时，父母扶持，上海高桥的沙滩；那是耄耋暮年，妻儿陪伴，漫步在热带兰卡威的海边……

曾国藩有一句诗："巨海茫茫终得岸。"

好一个"巨海茫茫"，好一个"终得岸"。海茫茫，终得岸；人生茫茫，也需得岸。那是一个回归，那是一个终结。那是动荡一生中的最后宁静与憩息。如今我在西蜀家中，面对阳台下一条先后汇入岷江、长江和大海的小河，回忆起辽阔的海洋和海岸的经历，好像又回到了往昔的峥嵘岁月。这个距海几千里的小河，岂不也可以算是一个最后归宿的宁静"海湾"？老来有些懒了，就简简单单勾绘几笔还不曾模糊的海岸印象，作为这本书的结束篇吧。

白居易说：

> 江南忆，最忆是杭州。山寺月中寻桂子，郡亭枕上看潮头。何日更重游？

我也有一些遥远的海洋和海岸记忆，鹦鹉学舌说一句"大海忆，最忆是海滨"。虽然不曾"月中寻桂子"，但是许多次在母土、在异国，"枕上看潮头"却是真实的经历。

呵呵呵，说岔了，把话题拉回来吧。

茫茫大海，到处景色都一样。海岸却不同了，景色变化万千。其中，人气最旺的就是海湾了。

以三亚的海湾来说吧。从西向东依次排列着三亚湾、大东海、亚龙湾、海棠湾，全都是人气很旺的旅游胜地，曾经留下我的梦境和脚迹。海湾深深藏在弯弯曲曲的海岸线中间。抬头看，海湾两边都有两个伸出到海上的岬角。

迎风站在波涛汹涌的岬角上，漫步在松软的海湾沙滩上，没准儿有人会提出一连串不理解的问题。

有的是低缓的沙岸，有的是岩石海岸；有的海岸很直，有的却弯弯曲曲……为什么海岸不一样呢？

为什么海湾都藏在岬角之间？

附近没有大河，海湾里的沙子是从哪儿来的？

为什么岬角伸进海中间？

岬角的崖壁下常常有一些洞穴，旁边有许多礁石。有时候，

海南三亚海滨

还能发现岸边有一层层平台。请问，这都是怎么形成的？

先说第一个问题吧。

2000 年，我应邀去台湾。当地朋友说："你是学地质的，来看山吧。"我说："我来自大西南的山窝窝里，不看山了。山里人，就看这里的海。台中、台南一带的沙岸太简单，请安排我环绕台湾岛走一圈，好好看一看北部、东部和南部的岩石海岸。"

瞧，这就有沙岸和岩岸的区别了。

沙岸一般分布在河流入海的地方。台湾西部海岸的中段是这样，内地大陆从北到南的辽河、海河、黄河、长江、珠江的三角洲，也都是同样的沙岸。大江大河是这样，有的小河入海，也能生成一小段沙质海岸。

这样的沙质海岸大多是河流出海的三角洲，又叫作三角洲海岸。

岩石海岸大多是海洋和山地直接接触的地方，可以分为好几种类型：

第一种是达尔马提亚式海岸，是一种地壳沉降形成的海岸。地质构造线和海岸相互平行，以克罗地亚和波黑海岸为代表。海水沿着纵谷伸展进来，海岸、岛屿、海峡、海湾走向平行排列。

第二种是里亚式海岸，也是沉降海岸。这里的地质构造线和海岸垂直相交，造成了曲折的海岸线。有许多大大小小伸进陆地内部的港湾，一串串岛屿也和海岸垂直排列。浙江东部和日本九州岛一些海岸，可以作为例子。

第三种是溺谷式海岸，也是由于地壳沉降，海水伸展进来，

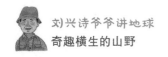
淹没了河口形成的。

第四种是断层海岸，台湾东部的清水大断崖就是最好的例子。这是一个巨大的断层，海岸沿着陡峭的断层崖，笔直插进太平洋。一边是陡崖，一边是波涛汹涌的深渊，形成了极其壮观的美景。

第五种是峡湾式海岸。随着地壳沉降，海水浸满一条条幽深的古冰川谷。挪威海岸就是这样的。

懂得了这些海岸和地质构造的关系，就知道它们的基本特点了。

我注意到台湾东海岸还有一个特点：北边新北市的野柳、南边台东县的小野柳的岩层，都是新生代新第三纪大寮层的钙质砂岩、页岩构成的，生成的微地貌景观也大致相同。由此可见岩石海岸中，除了地质构造线，岩石性质也和海岸形态有关系。

再解释后面几个问题。

岬角大多生成在地质构造线和海岸垂直相交或者坚硬岩石露头分布的地方。山东半岛最东端的成山角，笔直伸进海心，分开了南北黄海，就是最好的例子。

岬角是浪涛拍打集中的地方，附近常常能够形成造型奇特的海蚀天生桥、海蚀柱、海蚀洞等形态。舟山群岛普陀山有名的潮音洞，就是这样的洞穴。

海边还能形成特色的海蚀台地。一次次地壳抬升，留下一级级海蚀台地和海蚀洞，可以作为地壳活动的证据。

我在越南著名的下龙湾风景区，及其外围的一些礁岛上，发现有 3～4 层海蚀洞，代表了这里地壳上升的次数，和中国西南地区的情况相同。

海湾大多分布在海边岩石松软的地方。尽管附近没有河流出口，可是一股股顺着海岸流动的沿岸流，也能搬运来许多沙子，日积月累，就堆积成广阔的沙滩。

请别小看了海边沙的来源。请你到台湾最南端的恒春半岛去看看，这儿有一个叫风吹沙的地方，沙子可不少呢。北戴河海滨、西欧一些地方的海边，甚至还散布着一座座沙丘，好像是一片片小型的沙漠。我就在这儿拍摄过照片。猛一看，简直就像是在大沙漠里呢。

来吧，朋友，在海边沙丘中间拍一张照片，说是在撒哈拉大沙漠里拍摄的。不知道底细的人，不信也得信。

哈哈！这就是大自然开的一个有趣的玩笑。

我国台湾岛最南端的恒春半岛风光

后　记

这一本书写完了，我的心头浮起了许许多多记忆。

1949年，我拒绝了远走海外的机会，留下来迎接新中国的诞生。

那是1950年。我放弃了曾经的作家梦，选择了最艰苦、最危险的地质专业，进入北京大学地质系。

那是1952年院系调整。我转入了地质地理系自然地理专业。甘愿从大一重新开始，从单一的地质专业转入"大地学"，兼及涉猎其他学识，扩大学科认识的眼界和胸襟。

那是1958年。在轰轰烈烈支援新建院校的大潮中，我辗转来到成都地质学院，也就是今天的成都理工大学，正式走进了地质工作的行列。

我是谁？在名片上印着"教书匠、爬山匠、爬格匠"，其他一些几近"明骗"的职务、职称、兼职等等玩意儿统统不算数，这才是我真实的身份。说得具体些，应该是教书匠、爬格匠，加上半个爬山匠。因为是教书匠，而不是全职的爬山匠，所以感到很惭愧。爬山匠是地质队员的别名，能够跻身光荣的"建设时期游击队员"的行列，哪怕自己仅仅沾了一点儿边，也感到无上荣光。

特别是在 20 世纪 80 年代以前，教书匠也是真正的爬山匠，几乎大半年都在野外。每次归来，两个孩子紧紧抱着我的腿，眼巴巴地恳求："爸爸，不要走。"我该怎么回答他们呢？常常不到几天，打起铺盖卷又出发远征了。留下上幼儿园和上小学低年级的他们伤心哭一场，然后只好低着脑袋，帮助妈妈搬蜂窝煤，爬高高的 5 楼了。有一年我在三峡队、湖南队两地辗转远征，老伴也"挺进大别山，奋战八个月"去了。一个孩子读书没有人管，只好跟我去野外。除了寄住在湘东铁矿别人家里，上了一两个月课外，其余时间全都跟随队伍流动。虽说没法上课学习，却也长了不少见识。大时代中愧对孩子，也实在没有办法。

啊，地质队员！人们调侃我们：远看像逃荒的，近看像要饭的，走到跟前一看，原来是找矿的。

是呀，我们衣衫褴褛，在荒山野岭中，在密林荆棘里，在那"大雨小干，小雨大干，没有雨拼命干"的激情口号下，无休无止摸爬滚打。工作服破了，只能撕一条胶布粘上，最后身上横七竖八粘满了胶布。有时留着长长的头发和胡子，的确很不像话。队友中不止一个曾经被误认为盲流、劳改犯，遭遇白眼歧视。一个姓蒋的福建籍同事，竟被失主当作"小偷"扭送到派出所。他平时就有些结巴，加上难懂的家乡话，一紧张更加说不清楚；经过打长途电话向工作单位印证，才算证实了清白。我自己也曾在鄂西一个地方被怀疑盘查过，多亏还有一个工作证，验明正身才被放行。

是呀，我们饱一顿饥一顿，破窑里、密林中，什么情况没有忍受过？我就曾经在深山冬夜风雪中，睡过搭建在猪圈上面、四面通风的秸秆架。晚上阵阵寒风吹袭，下面一股股秽气上升，"二

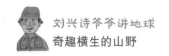

师兄"哼哼唧唧，我和一个队友缩身在草堆里，真有《水浒传》中林教头风雪草料场的感觉。

你听过《勘探队员之歌》吗？"是那山谷的风，吹动了我们的红旗；是那狂暴的雨，洗刷了我们的帐篷……"我们艰苦，我们荣光；我们欢乐，我们悲伤。欢乐的是为祖国建设做出了无愧的贡献，报国岂止在沙场。悲伤的是耳闻目睹许许多多同行战友，断粮、寒冻、迷路、兽害、坠崖、落水，以及各种各样原因捐躯在荒野。成昆铁路上许多小站，永远保留着为筑路而牺牲的员工和铁道兵的烈士纪念碑，哪儿有一座为国牺牲的地质队员的纪念碑呢？这样的纪念碑仅仅保留在知情战友的心中。如果我们这一代人逝去了，谁还记得他们？

光荣啊，地质队员！伟大呀，默默无闻的地质队员！向你们敬礼。你们是无名英雄。荒野中悄悄逝去的你们，也应该是光荣的烈士。我把这一套书奉献给你们，作为一点儿小小的心意吧。

如果当年我没有离开，一直生活在未名湖畔宁静的象牙塔里，绝对不会有这样的感受。感谢命运，感谢地质事业，接纳了小小的我，这个"半吊子"爬山匠。

在北京大学期间，我曾经在地貌教研室工作，导师和顶头上司给我指定的方向是平原地貌；到了大西南就转为山地和岩溶地貌，科研和教学一直都是地貌学及第四纪地质学。我曾经考察过山地、平原、高原、沙漠、戈壁、洞穴、岩溶、火山、冰山、海岸、海洋、森林、草原、河流、湖泊、沼泽等自然环境。主要科研基地包括四川盆地及周边地区（长江三峡、川西高原等）、广西岩溶地区、新疆西天山等区域。

如今我按照规定退休了，可是却退而不休，常常还有野外任务找上门来。2014年就外出两次。一次在龙门山，翻越一个很高很陡的山坡，非要我去鉴定一个剖面不可。我再也没有当年的力量，这次是让人用滑竿抬上去的。踏遍青山一生，还没有出过这样的洋相。实在太惭愧，真的不中用了，怎么能这样被抬上山？！在这里说出来，请大家不要笑话。

另一次在豫西丘陵，上下坡都有年轻人搀扶着。不料走到平地一放手，我步伐太快，一个前滚翻，跌在一块石头上。眼镜片破碎，扎进距离左眼球只有1毫米的地方。顿时血流满面，呼叫120急救。脸上缝了7针，蒙了一块厚厚的纱布。当地朋友要我停下来观察几天。可是任务在身，日程紧迫，这怎么可能？我谢绝了好意，带领大家继续前进。当时写了一首歪诗，其中有"独眼观黄河，血染函谷关"两句。这样结束河南工作后返回成都，由于新的任务，再一次"独眼龙"般赶赴北京。

这本《刘兴诗爷爷讲地球——奇趣横生的山野》使用的材料，基本来自自己的考察和认识，算是真正的原创科普作品了。

在广阔的祖国山野中，我深深感受到，几乎处处都蕴藏着深厚的民族文化的影子。即使面对荒凉的沙漠，也会顿时涌现出"大漠孤烟直，长河落日圆"的优美意境，同时也感染自己的心灵，激发起无限的河山之爱。尽管我也见识过同样的异域山野，有的环境很好，却绝对不能感受到这样的情怀。

作为一个科学工作者，我还明白学科之间存在着千丝万缕的联系，绝对不能"单打一"。所以我就把地质、地貌等方面的科普知识和人文历史知识结合在一起，用通俗易懂的语言来向孩子们做介绍，在此必须说明一下。

野外工作需要画地质素描，这本书的插图都是我画的。虽然

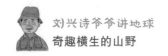

比不上真正画家的水平，却保证了不同地貌特征的科学性，这就是地质素描的特点，也需要说明一下。

我曾经在北京大学学生会宣传部美术社担任社长，那是派去做"社会工作"的，自己一点儿也不会画。我负责包括每年五一节、国庆节游行仪仗制作和其他大型集会活动。北京大学方队一般安排在学生队伍前面。我作为游行指挥，不止一次走在北京大学方队的前面，走过天安门广场接受检阅，感到无比幸福。顺便说一句，20世纪50年代初，北京能制作特大气球的，只有中央气象局、空军总部和北京大学。我主张发挥优势对空发展，突破千篇一律的地面展示模式，用大气球带大标语上天。其中最大的气球比照着天安门城楼上宫灯的尺寸，飘飞到长城外近百千米，后来让人给我们寄了回来。如今经常见到的气球上挂标语，其实我是始创，一些并肩战斗的同学，曾笑称我是"空军司令"。哈哈！真惭愧。

这本书的插图画得不好，请不要见笑。拜托，拜托。

刘兴诗

2017年，86岁于成都理工大学